虚 拟 现 实 技 术 专 业 新 形 态 教 材

虚拟现实程序设计

（C#版）

范丽亚 谢平 主编

吴妍萍 马介渊 张克发 张荣 副主编

清華大学出版社

北京

内 容 简 介

本书融合了"C# 程序设计基础"+"Unity 项目实战"，给没有 C# 程序设计基础和 Unity 项目开发经验，但又希望能快速上手开发出自己第一个作品的读者，带来一次友好的虚拟现实程序设计学习体验。全书共分 3 篇 11 章：第 1~3 章为第 1 篇，是开发环境的准备，带领读者一步步创建自己的第 1 个 Untiy 项目；第 4~8 章为第 2 篇，是虚拟现实程序设计基础，以"基础知识讲解 + 项目实战"形式循序渐进地学习 C# 基础概念、字符串与正则表达式、委托和事件、集合与泛型、常用接口等核心内容；第 9~11 章为第 3 篇，是虚拟现实程序设计进阶，包括数据结构基础、算法基础、异常处理和调试等内容，为学有余力的读者提供进阶学习和提升的内容。

本书内容循序渐进、深入浅出，案例开发一步一图、条理清晰、图文并茂、易于上手；每章知识点配有相应的习题以巩固所学。本书适合作为高等院校虚拟现实、计算机科学与技术、软件工程、动漫设计、数字媒体等专业教材。对于欲从事虚拟现实技术开发工作的人员，也可以使用本书快速入门和上手，零基础轻松跨入虚拟现实开发领域。

图书在版编目（CIP）数据

虚拟现实程序设计：C#版 / 范丽亚, 谢平主编.
北京：清华大学出版社, 2025. 1. -- (虚拟现实技术
专业新形态教材). -- ISBN 978-7-302-67919-6
　Ⅰ. TP391.98
中国国家版本馆 CIP 数据核字第 20256BE637 号

责任编辑：郭丽娜
封面设计：常雪颖
责任校对：袁　芳
责任印制：宋　林

出版发行：清华大学出版社
　　　网　　　址：https://www.tup.com.cn, https://www.wqxuetang.com
　　　地　　　址：北京清华大学学研大厦A座　　　　　邮　　　编：100084
　　　社 总 机：010-83470000　　　　　　　　　　　邮　　　购：010-62786544
　　　投稿与读者服务：010-62776969, c-service@tup.tsinghua.edu.cn
　　　质量反馈：010-62772015, zhiliang@tup.tsinghua.edu.cn
　　　课件下载：https://www.tup.com.cn, 010-83470410
印 装 者：天津鑫丰华印务有限公司
经　　销：全国新华书店
开　　本：185mm×260mm　　　印　　张：14.5　　　字　　数：346千字
版　　次：2025年1月第1版　　　　　　　　　　　　印　　次：2025年1月第1次印刷
定　　价：49.00元

产品编号：097476-01

前　言

随着新一轮科技革命和产业变革的快速推进，信息技术所蕴含的巨大潜能逐步释放，推动各级各类教育全面转型和智能升级。党的二十大报告指出："教育、科技、人才是全面建设社会主义现代化国家的基础性、战略性支撑。"科技进步靠人才，人才培养靠教育，教育是人才培养和科技创新的根基。虚拟现实、人工智能等新一代信息技术的融入，将对教育产生重大影响。利用信息技术优势变革教育模式，是实现科技强国的必由之路。

Unity 作为 AR/VR 项目的主流开发引擎，支持手机、平板电脑、PC 等平台 2D/3D 游戏内容开发，在美术、建筑、汽车设计、影视等领域均有广泛的应用。C# 作为 Unity 的主要编程语言，易于学习，具有强大的扩展性和跨平台性，是初学者的最佳选择。只有熟练掌握 C# 编程基础知识，开发者才能轻松地创建高质量的 3D 游戏和互动应用。

本书从 C# 零基础读者角度出发，提供了学习虚拟现实程序设计必备的 11 章模块知识和关键技术。本书知识体系的思维导图如下：

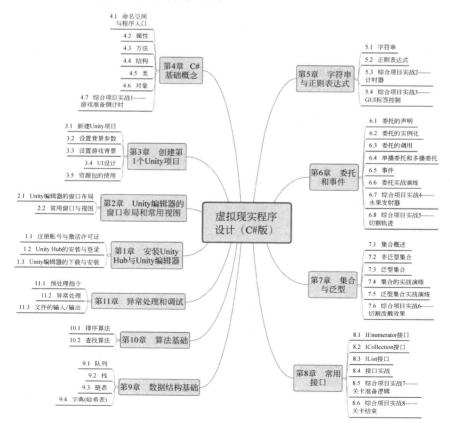

本书具有以下特色。

1. 由浅入深，编排合理

本书以 C# 零基础学习者为对象，采用图文结合、循序渐进的编排方式，由浅入深地讲解，引导初学者逐步掌握 C# 的基础理论知识和实际操作应用。

2. 增量学习，事半功倍

本书 1~8 章的项目开发内容一环套一环，实现"点—线—面"增量式、立体化、滚雪球式学习路径，使得学习效果立竿见影。

3. 躬行实践，学以致用

通过实例边学边做，是学习程序开发最有效的方式。本书通过"知识点讲解＋脚本示例＋控制台实操＋综合实战"的模式，透彻解析虚拟现实程序开发中知识点的应用技巧，使学习者不仅会在控制台调试和查看程序结果，还可以在 Unity 工程项目中通过添加 C# 脚本实现具体的功能，使其开发技能得到迅速提升。

4. 及时练习，巩固知识

书中每一章后都提供了基础知识点及关键操作对应的练习题，帮助初学者及时巩固所学知识点，做到知行合一。

为方便读者完成每一章知识点的学习和项目开发任务，本书提供了教学 PPT、源代码、工程文件、课后习题答案等资料，请扫描书中二维码下载或到清华大学出版社官方网站本书页面下载。

本书由范丽亚（西安交通大学城市学院）和谢平（青海师范大学）担任主编，吴妍萍（青海师范大学）、马介渊（西安高新区创业园发展中心有限公司）、张克发（陕西瀚潮信息科技发展有限责任公司）、张荣（陕西瀚潮信息科技发展有限责任公司）担任副主编，全书由范丽亚策划和统稿，具体分工如下：第 1~3 章由范丽亚编写，第 4~8 章由范丽亚、谢平、吴妍萍共同编写，第 9~11 章由范丽亚、吴妍萍共同编写，全书的资料整理、校对、习题编写等工作由范丽亚、马介渊、张克发和张荣共同完成。最后，衷心感谢陕西省科技厅重点研发计划项目《基于 XR 技术的北朝碑刻书法数字博物馆云平台系统的研发及应用》(2023-YBGY-148) 的支持，它不仅为本书编写提供了物质保障，更激发了我们利用虚拟现实技术进行程序设计的创作热情和责任感。我们将以此为动力，不断优化本书内容，使其更好地服务于广大师生，为培养高素质的新质生产力技术人才贡献一份力量。

在编写本书的过程中，我们本着科学、严谨的态度，力求精益求精，但疏漏之处在所难免，敬请广大读者批评指正。

范丽亚

2024 年 11 月于西安

课后习题答案

程序源代码

综合项目工程文件

目　录

第 1 篇　开发环境的准备

第 1 章　安装 Unity Hub 与 Unity 编辑器 ······················· 3

1.1　注册账号与激活许可证 ······································· 3

　　1.1.1　注册 Unity 账号 ······································· 3

　　1.1.2　激活许可证 ··· 4

1.2　Unity Hub 的安装与登录 ······································ 6

　　1.2.1　Unity Hub 的下载与安装 ······························ 6

　　1.2.2　Unity Hub 的登录与管理 ······························ 7

1.3　Unity 编辑器的下载与安装 ···································· 8

　　1.3.1　Unity 编辑器偏好设置 ································· 8

　　1.3.2　Unity 编辑器的下载 ··································· 9

　　1.3.3　Unity 编辑器的安装 ·································· 10

　　1.3.4　Unity 编辑器的版本管理 ······························ 11

习题 ··· 12

第 2 章　Unity 编辑器的窗口布局和常用视图 ···················· 14

2.1　Unity 编辑器的窗口布局 ······································ 14

　　2.1.1　新建项目 ··· 14

　　2.1.2　默认窗口布局 ··· 14

　　2.1.3　自定义窗口布局 ······································· 15

2.2　常用窗口与视图 ··· 18

　　2.2.1　Hierarchy 窗口 ··· 18

　　2.2.2　Scene 视图 ··· 18

　　2.2.3　Project 窗口 ··· 21

　　2.2.4　Inspector 窗口 ··· 21

2.2.5　Game 视图 ·· 22

2.2.6　Console 窗口 ··· 22

习题 ·· 22

第 3 章　创建第 1 个 Unity 项目 ·· 25

3.1　新建 Unity 项目 ··· 25

3.1.1　新建 3D 项目 ·· 25

3.1.2　设置 Unity 编辑器外观偏好 ·· 26

3.2　设置背景参数 ··· 27

3.2.1　修改场景名称 ·· 27

3.2.2　设置背景颜色 ·· 28

3.3　设置游戏背景 ··· 28

3.3.1　添加游戏背景 ·· 28

3.3.2　添加材质球 ··· 30

3.3.3　调整背景位置参数 ·· 35

3.4　UI 设计 ··· 36

3.4.1　添加游戏倒计时提示 ··· 36

3.4.2　添加游戏难度等级提示 ·· 38

3.4.3　添加计时器和积分提示 ·· 40

3.4.4　游戏暂停按钮 ··· 42

3.4.5　重新开始游戏提示 ·· 43

3.5　资源包的使用 ··· 45

习题 ·· 45

第 2 篇　虚拟现实程序设计基础

第 4 章　C# 基础概念 ·· 49

4.1　命名空间与程序入口 ··· 49

4.1.1　命名空间 ·· 49

4.1.2　Main( ) 方法 ·· 54

4.1.3　访问修饰符 ··· 57

4.2　属性 ··· 58

4.2.1　属性的概念···58

4.2.2　属性的使用···58

4.2.3　属性与常量···61

4.2.4　属性的实战演练···64

4.3　方法···67

4.3.1　方法的声明···67

4.3.2　方法的调用···68

4.3.3　方法的返回值···68

4.3.4　方法的参数类型···68

4.3.5　方法的种类···72

4.3.6　方法的实战演练···75

4.4　结构···77

4.4.1　结构概述···77

4.4.2　结构的使用···78

4.4.3　结构的实战演练···79

4.5　类···82

4.5.1　类的概念···82

4.5.2　类的声明···86

4.5.3　常见的关键字···88

4.5.4　嵌套类···91

4.5.5　类的实战演练···92

4.6　对象···95

4.6.1　对象的概念···95

4.6.2　对象的创建和使用···97

4.6.3　this 关键字···99

4.6.4　构造函数与析构函数···100

4.6.5　对象的封装···103

4.6.6　类与对象关系···106

4.7　综合项目实战 1——游戏准备倒计时·······································106

4.7.1　新建脚本文件···106

4.7.2　编辑脚本文件···108

4.7.3　挂载脚本文件···109

习题···110

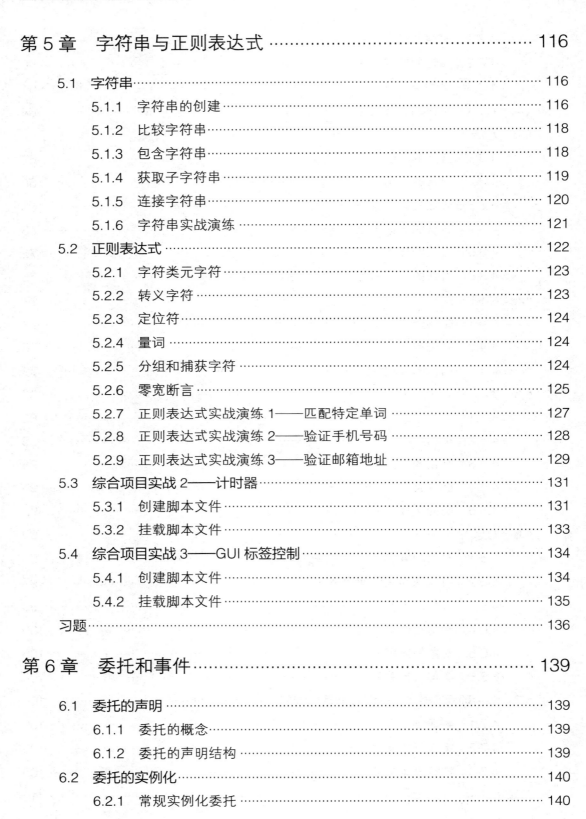

第 5 章　字符串与正则表达式 ······· 116

5.1　字符串 ······· 116

5.1.1　字符串的创建 ······· 116

5.1.2　比较字符串 ······· 118

5.1.3　包含字符串 ······· 118

5.1.4　获取子字符串 ······· 119

5.1.5　连接字符串 ······· 120

5.1.6　字符串实战演练 ······· 121

5.2　正则表达式 ······· 122

5.2.1　字符类元字符 ······· 123

5.2.2　转义字符 ······· 123

5.2.3　定位符 ······· 124

5.2.4　量词 ······· 124

5.2.5　分组和捕获字符 ······· 124

5.2.6　零宽断言 ······· 125

5.2.7　正则表达式实战演练 1——匹配特定单词 ······· 127

5.2.8　正则表达式实战演练 2——验证手机号码 ······· 128

5.2.9　正则表达式实战演练 3——验证邮箱地址 ······· 129

5.3　综合项目实战 2——计时器 ······· 131

5.3.1　创建脚本文件 ······· 131

5.3.2　挂载脚本文件 ······· 133

5.4　综合项目实战 3——GUI 标签控制 ······· 134

5.4.1　创建脚本文件 ······· 134

5.4.2　挂载脚本文件 ······· 135

习题 ······· 136

第 6 章　委托和事件 ······· 139

6.1　委托的声明 ······· 139

6.1.1　委托的概念 ······· 139

6.1.2　委托的声明结构 ······· 139

6.2　委托的实例化 ······· 140

6.2.1　常规实例化委托 ······· 140

6.2.2　匿名方法实例化委托 ·· 140

      6.2.3　使用 Lambda 表达式实例化委托 ······························ 141

  6.3　委托的调用 ·· 142

  6.4　单播委托和多播委托 ·· 144

      6.4.1　单播委托 ·· 144

      6.4.2　多播委托 ·· 145

  6.5　事件 ·· 147

  6.6　委托实战演练 ··· 148

  6.7　综合项目实战 4——水果发射器 ··· 149

      6.7.1　制作预制体 ·· 149

      6.7.2　制作水果发射器 ·· 150

  6.8　综合项目实战 5——切割轨迹 ·· 155

      6.8.1　添加运动轨迹组件 ··· 155

      6.8.2　创建脚本文件 ··· 156

      6.8.3　编辑脚本文件 ··· 156

      6.8.4　挂载脚本文件 ··· 161

  习题 ·· 162

第 7 章　集合与泛型 ·· 164

  7.1　集合概述 ·· 164

  7.2　非泛型集合 ··· 164

      7.2.1　ArrayList 集合 ·· 165

      7.2.2　Hashtable 集合 ·· 165

  7.3　泛型集合 ··· 165

      7.3.1　List<T> 泛型集合 ·· 166

      7.3.2　Dictionary<TKey, TValue> 泛型集合 ······························· 166

  7.4　集合的实战演练 ··· 167

  7.5　泛型集合实战演练 ·· 172

  7.6　综合项目实战 6——切割泼溅效果 ··· 173

      7.6.1　创建脚本文件 ··· 174

      7.6.2　编辑脚本文件 ··· 174

      7.6.3　挂载脚本文件 ··· 175

  习题 ·· 176

第 8 章　常用接口 ·· 178

8.1　IEnumerator 接口 ·· 178

8.2　ICollection 接口 ··· 178

8.3　IList 接口 ·· 179

8.4　接口实战 ··· 179

8.5　综合项目实战 7——关卡准备逻辑 ································· 180

8.6　综合项目实战 8——关卡结束 ····································· 182

习题 ··· 183

第 3 篇　虚拟现实程序设计进阶

第 9 章　数据结构基础 ·· 187

9.1　队列 ··· 187

9.1.1　队列的概述 ··· 187

9.1.2　队列的使用 ··· 187

9.1.3　队列的实战 ··· 189

9.2　栈 ··· 190

9.2.1　栈的概述 ··· 190

9.2.2　栈的使用 ··· 190

9.3　链表 ··· 192

9.3.1　链表的概述 ··· 192

9.3.2　链表的使用 ··· 192

9.4　字典（哈希表） ··· 193

9.4.1　字典的概述 ··· 193

9.4.2　字典的使用 ··· 193

习题 ··· 195

第 10 章　算法基础 ·· 197

10.1　排序算法 ·· 197

10.1.1　冒泡排序算法 ··· 197

10.1.2　选择排序算法 ··· 198

10.1.3　插入排序算法 ··· 199

10.2　查找算法 ·· 199

　　10.2.1　线性查找算法 ··· 199

　　10.2.2　二分查找算法 ··· 200

　　10.2.3　字典序列查找算法 ·· 201

　　10.2.4　二分查找算法实战演练 ··· 201

习题 ·· 202

第 11 章　异常处理和调试 ··· 203

11.1　预处理指令 ·· 203

　　11.1.1　可为空上下文 ··· 203

　　11.1.2　定义字符 ·· 204

　　11.1.3　条件编译 ·· 206

　　11.1.4　定义区域 ·· 206

11.2　异常处理 ·· 207

　　11.2.1　抛出异常 ·· 207

　　11.2.2　捕获异常 ·· 207

　　11.2.3　finally 代码块 ··· 208

　　11.2.4　多个 catch 代码块 ··· 209

　　11.2.5　自定义异常 ··· 210

11.3　文件的输入 / 输出 ·· 211

　　11.3.1　文件读取（Input）·· 212

　　11.3.2　文件写入（Output）·· 214

习题 ·· 215

参考文献 ·· 217

第 1 篇

开发环境的准备

Unity 是目前最流行的游戏开发引擎之一，它可以在 Windows、macOS、Android、iOS 等主流平台上运行，开发者能够通过 Unity 实现一次开发、多平台部署和跨平台应用。Unity 拥有强大的 2D 和 3D 渲染能力、组件化的游戏对象系统，以及资源商店等优势，使用 Unity 开发的知名游戏如《王者荣耀》《原神》等也备受欢迎。本书适合想要系统学习 Unity 游戏开发的初学者，按照从开发环境准备、基础语法学习到程序设计进阶的学习路径进行。

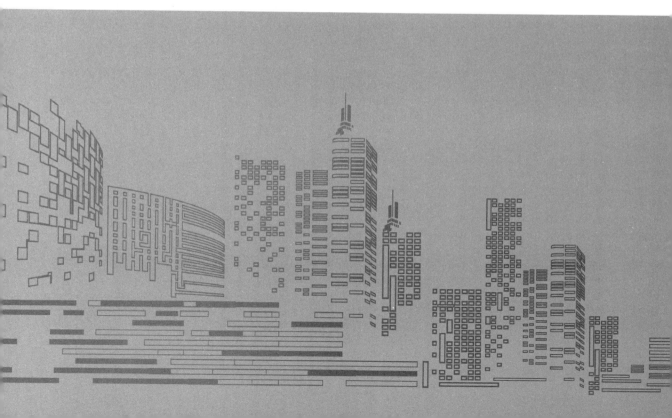

第 1 章

安装 Unity Hub 与 Unity 编辑器

学习虚拟现实程序设计的首要步骤就是准备开发环境。虚拟现实程序设计的开发环境包括 Unity Hub、Unity Editor 和代码编辑器。Unity Hub 可以帮助开发者高效地管理 Unity 编辑器（又称 Unity Editor）、Unity 项目和代码编辑器。通过 Unity Hub，开发者可以一次性安装多个不同版本的 Unity 编辑器，并且根据不同项目需要切换不同版本的编辑器，不需要手动安装和卸载，从而节省了大量的时间和精力。在虚拟现实程序设计中，脚本语言常用的代码编辑器是微软的 Visual Studio 和 Visual Studio Code。Visual Studio 是一款重量级集成化开发环境，Visual Studio Code 是一款开源、跨平台、高性能、轻量级代码编辑器，用户可根据需求进行选择。如果用户在 PC 端同时安装了两种代码编辑器，在开发过程中也可以通过 Unity Hub 设置首选代码编辑器。

1.1 注册账号与激活许可证

Unity Hub 是一个用于管理 Unity 项目的工具，它可以简化下载、查找、卸载、安装等任务，并且可以管理多个版本的 Unity 编辑器。目前，正版的 Unity 编辑器仅支持通过 Unity Hub 进行安装。第一次下载 Unity Hub 的用户需要先注册一个 Unity 账号。

1.1.1 注册 Unity 账号

登录 Unity 官网，单击页面导航栏最右侧的注册登录按钮，如图 1-1 所示。

图 1-1　Unity 官网页面注册登录按钮

在弹出菜单中选择"创建 Unity ID"，如图 1-2（a）所示。注册账号时通常选择邮箱进行注册，如图 1-2（b）所示。先填写基本信息，然后勾选下方选项的前两个复选框（前两个选项为必选项），再单击页面下方的"创建 Unity ID"按钮。注册完成后就可以在图 1-2（a）所示菜单选择"登录"选项登录 Unity 了。

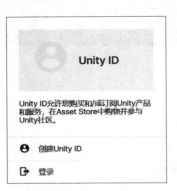

(a) 创建及登录Unity ID的菜单　　　　　(b) 注册Unity ID

图 1-2　Unity 账号的注册及登录

1.1.2　激活许可证

通过 Unity Hub 不仅可以管理 Unity 账户，还可以管理许可证。初次登录 Unity Hub 时，会看到没有激活许可证的提示信息，需要单击右侧的"管理许可证"按钮添加一个许可证，如图 1-3 所示，否则用户无法正常创建或打开 Unity 项目。

图 1-3　激活许可证提示信息

初次添加许可证时，会弹出如图 1-4 所示界面，可以直接单击界面下方的"添加许可证"按钮，或界面右上角的"添加"按钮。

图 1-4　添加许可证界面

为了满足不同用户群体的使用需求，Unity 官方提供了多种许可证授权类型。第一种是"通过序列号激活"类型，适用于使用专业版（Unity Pro）和加强版（Unity Plus）的企业用户，需要购买并激活序列号才能使用。该类用户可以在激活许可证类型列表（见图 1-5）中单击"通过序列号激活"选项，输入序列号并经过 Unity 官方验证其有效性后即可激活。第二种是"通过许可证请求激活"类型，适合已购买的许可证失效，需要重新激活的情况，用户可通过创建和上传许可证请求以激活现有的许可证。第三种是"获取免费的个人版许可证"类型，适用于以研究和学习为目的的非商业用途，用户可以单击该选项以"获取免费的个人版许可证"。

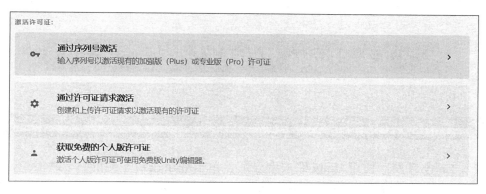

图 1-5　激活许可证类型列表

本书以第三种类型为例，单击激活许可证列表中"获取免费的个人版许可证"按钮，在弹出界面中浏览相关的服务条款后，单击"同意并获取个人版许可证"按钮，即可获得一个个人版的免费许可证，如图 1-6 所示。

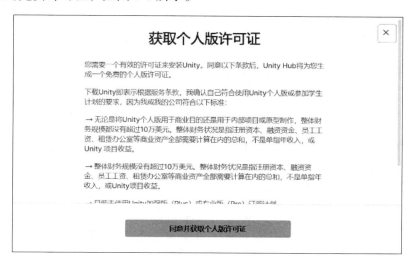

图 1-6　获取免费的个人版许可证

从获得的个人版免费许可证中，可以看出该种类型的许可证有效期包括激活时间和到期时间两个参数，如图 1-7 所示。激活时间是指初次激活该许可证的时间，到期时间是指许可证失效的时间。当许可证失效时，重新申请就可以继续使用。

图 1-7　个人版许可证有效期信息

1.2　Unity Hub 的安装与登录

1.2.1　Unity Hub 的下载与安装

进入 Unity 官网，使用 Unity 账户登录后，单击登录按钮左侧的"下载 Unity"按钮（见图 1-8），即可跳转至 Unity 的下载页面。

图 1-8　"下载 Unity"按钮

Unity 下载页面列出了所有可用的 Unity 版本，单击"长期支持版本"选项卡，选择任意一个版本（本书采用的是 2021.3.21f1c1 长期支持版本）后的"从 Unity Hub 下载"按钮，如图 1-9 所示。

图 1-9　选择 Unity 版本

如果用户之前没有下载过 Unity Hub，官网会弹出 Unity Hub 下载页面，用户可以单击"下载 Unity Hub"按钮进行下载，如图 1-10 所示。之前下载过 Unity Hub 的用户也可以单击"切换 Hub 2.5"按钮，切换到更高级别的 Unity Hub 版本。

图 1-10　"下载 Unity Hub"按钮

单击"下载 Unity Hub"按钮后，会弹出如图 1-11 所示的页面。可以看出 Unity Hub 支持 Windows、Mac 以及 Linux（Red Hat/CentOS、Ubuntu 等）三类操作系统，用户可根据个人操作系统类型进行选择，这里以选择"Windows 下载"为例。

单击"Windows 下载"按钮后，选择合适的路径存放，下载完成后就可以看到如图 1-12 所示的安装文件。

图 1-11 下载 Unity Hub 的页面

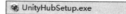

图 1-12 Unity Hub 安装文件

双击 Unity Hub 安装文件，首先在许可证协议界面单击"我同意"按钮，如图 1-13（a）所示。然后，在安装界面单击"浏览"按钮，选择 Unity Hub 的安装位置，最后单击右下角的"安装"按钮进行安装，如图 1-13（b）所示。

(a) 许可证协议界面

(b) 选择安装位置界面

图 1-13 Unity Hub 的安装

1.2.2 Unity Hub 的登录与管理

安装完 Unity Hub 后，用户可以单击 Unity Hub 主界面左上角的账号身份标志，在下拉菜单中选择"登录"功能，如图 1-14（a）所示，就可以跳转到 Unity 官网页面进行账号的登录。如果在该操作前已经在 Unity 官网登录账号，此时可看到 Unity Hub 账号登录信息短暂地出现在 Unity 官网页面上，然后跳转，实现登录，如图 1-14（b）所示。用户也可在该下拉菜单中进行创建新账号、对账号进行设置、打开开发者控制面板，以及管理许可证等操作。

(a) 账号登录前　　　　　　　　　　　　(b) 账号登录后

图 1-14　登录账号及账号管理

1.3　Unity 编辑器的下载与安装

　　Unity 编辑器是 Unity 引擎中的一个集成开发环境，它为开发者提供了一个可视化的图形用户界面（GUI），用于创建、编辑和管理游戏项目。Unity 编辑器的主要功能包括场景编辑、资源管理、脚本编写、调试和发布等。

　　登录 Unity Hub 后，就可以安装 Unity 编辑器了。Unity 编辑器的安装可分为两种方式：一种是通过 Unity Hub 在线安装编辑器；另一种是在官网下载对应版本的 Unity 编辑器安装包，在 Unity Hub 中导入并安装。这里以在线安装为例讲解 Unity 编辑器的安装步骤。

1.3.1　Unity 编辑器偏好设置

1. 项目文件的默认保存位置设置

　　打开 Unity Hub，单击图 1-15（a）右上角的齿轮图标，即可打开 Unity 编辑器的"偏好设置"界面，如图 1-15（b）所示。在该界面中，用户可更改 Unity 项目文件的默认保存位置，Unity 编辑器会根据项目名称在默认保存路径下创建对应名称的项目文件夹，该文件夹可复制到其他 PC 端，并在 Unity Hub 中打开进行访问。

2. 编辑器的下载位置和安装位置设置

　　默认情况下，系统会将 Unity 编辑器的下载和安装位置放在 C 盘相应的目录下（见图 1-16），用户也可以在左侧的"安装"选项卡界面中更改默认的编辑器下载和安装路径。在进行项目位置、编辑器安装位置及下载位置路径设置时，必须注意路径中尽量使用英文文件名，否则在项目编译或导出发布时可能会出现异常。

(a) 偏好设置图标

(b) 设置项目保存位置

图 1-15　Unity 编辑器偏好设置

图 1-16　更改编辑器下载和安装位置

1.3.2　Unity 编辑器的下载

回到 Unity Hub 主页面，单击左侧"安装"选项卡，然后单击右上角的"安装编辑器"按钮（见图 1-17），即可进入"安装 Unity 编辑器"界面。

图 1-17　"安装编辑器"按钮

在"安装 Unity 编辑器"界面中，可看到有正式发行版、云桌面 BETA 版和预发行版三种版本。确定要安装的编辑器版本后，单击相应版本后的"安装"按钮进行安装，如图 1-18 所示。

图 1-18　选择编辑器版本

　　用户也可以单击图 1-18 所示界面左下角的"Beta 版计划网页"链接，跳转到 Unity 官网首页去选择更多版本。Unity 官网首页提供了长期支持版（以 LTS 结尾）、补丁程序版和 Beta 版三种编辑器版本，如图 1-19 所示。长期支持版具有非常庞大的用户群体，而且已经过大量项目验证，具有很强的稳定性，所以一般优先选择安装该类型版本。补丁程序版是对之前 Unity 编辑器特定版的更新，下载后可对指定的版本打补丁，确保在使用时更加稳定。Beta 版是指公开测试版，主要提供给用户进行测试，该版本比 Alpha 版稳定，但仍存在很多 Bug。Beta 版会不断增加新功能，可进一步细分为 Beta1、Beta2 等版本，直到稳定下来进入 RC 版本。确定好 Unity 编辑器安装版本（本书以长期支持版下的 2021.3.21f1c1 版本为例）后，单击该版本后的"从 Unity Hub 下载"按钮，即可跳转至 Unity Hub 进行下载。

图 1-19　Unity 官网提供的不同编辑器版本

1.3.3　Unity 编辑器的安装

　　在安装 Unity 编辑器前，Unity Hub 系统会检索用户个人计算机上是否已经安装了开发工具 Microsoft Visual Studio。如果没有安装，系统会默认勾选与 Unity 编辑器版本适配的 Visual Studio 版本进行安装，如图 1-20 所示。

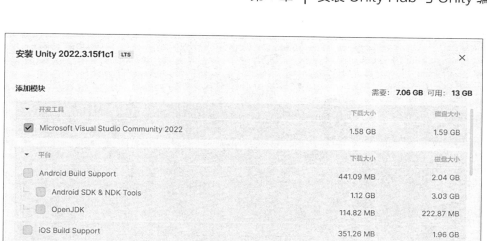

图 1-20　选择开发工具

　　安装 Unity 编辑器时，如果没有勾选 Visual Studio 开发工具，也可以在安装完成后单击该版本右侧的齿轮图标，选择"添加模块"选项（见图 1-21），在弹出的界面（见图 1-20）中重新勾选 Visual Studio 开发工具进行安装。在图 1-21 所示的界面中，还可以通过齿轮图标下拉菜单中的"卸载"选项卸载 Unity 编辑器。

图 1-21　给编辑器版本添加模块

1.3.4　Unity 编辑器的版本管理

　　如果安装了多个版本的编辑器，Unity Hub 会在相应版本标签下显示每个编辑器的安装位置（见图 1-22），便于用户对各版本进行管理。如果删除或卸载了当前的首选版本，则另一个安装的版本将成为首选版本。

虚拟现实程序设计（C# 版）

图 1-22 安装了多个版本的 Unity 编辑器

  用户也可以在 Unity Hub 的"项目"选项卡中看到当前系统中所有 Unity 项目及使用的编辑器版本。根据项目需求，有时可能需要切换至其他版本的 Unity 编辑器来运行某个项目，用户可以单击当前项目版本号后面的按钮（见图 1-23），选择对应的目标版本进行切换，但通常不建议在项目开发过程中切换版本，这可能会导致部分模型或资源无法兼容。一般情况下，一个项目只能运行在一个版本的 Unity 编辑器中，多个项目可以同时运行在不同版本的 Unity 编辑器中，相互之间不会产生干扰，只要计算机的硬件条件足以支持相关的资源消耗即可。

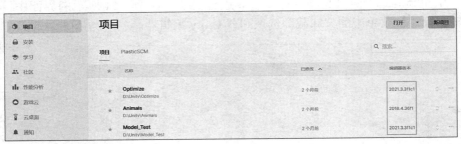

图 1-23 浏览项目所用的编辑器版本

一、单选题

1. 关于 Unity Hub 的说法，不正确的是（　　　）。

  A. 可以在 Unity Hub 中下载 Unity 编辑器

  B. 可以在 Unity Hub 中打开一个已有的 Unity 项目

  C. 目前 Unity 正版软件仅支持通过 Unity Hub 进行安装

  D. 可以直接从官网下载 Unity 编辑器离线安装包进行安装

2. 关于 Unity Hub 许可证的说法，不正确的是（　　　）。

A. 注册完 Unity 账号后，用户还需要在 Unity Hub 中激活许可证

B. 初次登录 Unity Hub 时，会看到没有激活许可证的提示信息

C. 必须激活许可证后才能在 Unity Hub 中创建 Unity 项目

D. 在 Unity Hub 中打开一个已有项目时不必激活许可证

3. Unity Hub 支持的操作系统类型不包括（　　　）。

A. Windows　　　　　B. Mac　　　　　C. UNIX　　　　　D. Linux

4. 一般推荐普通用户使用的编辑器版本为（　　　）。

A. 最新 Beta 版　　　B. 长期支持版　　　C. 补丁程序版　　　D. 正式发行版

5. 关于 Unity 编辑器的说法，不正确的是（　　　）。

A. 一台计算机上可以安装多个版本的编辑器

B. 用户可以将某一个项目切换到其他版本的 Unity 编辑器之下运行

C. 一个项目只能在一个版本的 Unity 编辑器中运行

D. 多个项目可以同时运行在一个 Unity 编辑器中

6. 用户可在（　　　）界面中更改默认的编辑器下载和安装路径。

A. 项目选项卡　　　B. 安装选项卡　　　C. 外观选项卡　　　D. 高级选项卡

7. 关于 Unity 开发工具的说法，不正确的是（　　　）。

A. 通常系统会在安装 Unity 编辑器前检索用户 PC 端是否已安装 Visual Studio

B. 通常系统会默认勾选与 Unity 编辑器版本适配的 Visual Studio 版本进行安装

C. 如果没有勾选 Visual Studio，需卸载 Unity 编辑器后重新勾选安装

D. 安装 Unity 编辑器时如果没有勾选 Visual Studio，可以使用添加模块功能补充安装

8. 关于 Unity 编辑器版本的说法，不正确的是（　　　）。

A. 一台计算机可以安装多个编辑器版本，但首选版本只有一个

B. 首选的编辑器版本通常不能更改

C. 如果卸载了当前的首选版本，则另一个安装的版本将成为首选版本

D. 通常不建议在项目开发过程中切换版本

二、填空题

1. Unity Hub 是一个＿＿＿＿＿＿＿＿和＿＿＿＿＿＿＿＿Unity 项目的应用程序。

2. 默认情况下，系统会将 Unity 编辑器的下载和安装位置放在＿＿＿＿＿＿＿＿对应目录下。

三、简答题

1. Unity Hub 与 Unity 编辑器是什么关系？

2. 如何安装 Unity 编辑器？

第2章

Unity 编辑器的窗口布局和常用视图

开发环境准备好后，还需要了解和掌握 Unity 编辑器的窗口布局和常用视图操作，为后续利用脚本语言的编译实现丰富的动画和场景效果奠定基础。

2.1　Unity 编辑器的窗口布局

2.1.1　新建项目

用户可以使用 Unity 项目模板快速创建新项目。单击 Unity Hub 的"项目"选项卡，在显示的详情界面中，单击右上方的"新项目"按钮，如图 2-1 所示。

图 2-1　新建项目

在弹出的"新项目"界面中，可以在界面顶部选择该项目使用的编辑器版本。界面中间的默认模板列表显示了当前 Unity Hub 支持的所有模板，包括 2D、3D、渲染管道（URP）、高清渲染管道（HDRP）等模板。这里以选择 3D 项目模板为例，在右侧的"项目设置"栏中指定项目名称（Project Name）及项目存储位置，然后单击"创建项目"按钮，即可快速创建一个新的 Unity 项目，如图 2-2 所示。当项目创建好后，系统还需要一段时间来加载当前项目需要的一些文件或资源，才能进入编辑器界面。

2.1.2　默认窗口布局

进入新建的 Unity 工程项目后，会看到整个 Unity 编辑器界面由 6 个部分组成，分别是工具栏、层级窗口（Hierarchy）、场景窗口（Scene）/游戏窗口（Game）、检视窗口（Inspector）、项目窗口（Project）和控制台窗口（Console），开发者通常把"场景/游戏

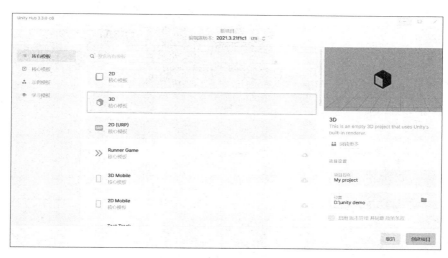

图 2-2　利用项目模板快速新建一个项目

窗口"称为"场景 / 游戏视图"。默认窗口布局如图 2-3 所示。在默认窗口布局下，层级窗口在左侧，场景视图和游戏视图重叠在中间，检视窗口在右侧，项目窗口和控制台窗口重叠在下方。

图 2-3　Unity 编辑器的默认窗口布局

2.1.3　自定义窗口布局

　　用户也可以根据项目和偏好对默认窗口布局重新排列和分组，主要方法有两种。第一种方法是单击菜单栏中的 Window 菜单，在下拉菜单中单击 Layouts 选项，可以看到级联菜单中包含了 2 by 3、4 Split、Default、Tall、Wide 这 5 种窗口布局模式，如图 2-4（a）所示。第二种方法是单击检视面板右上角的 Default 下拉菜单，也可以看到这 5 种窗口布局模式，如图 2-4（b）所示。

　　选择"2 by 3"选项，可得到如图 2-5 所示的经典窗口布局模式。该模式将场景搭建中常用的 Scene 视图和用于查看场景运行效果的 Game 视图分割成上下两个窗口显示，便于在构建场景过程中随时预览效果，所以多数开发者都使用该布局模式。

虚拟现实程序设计（C# 版）

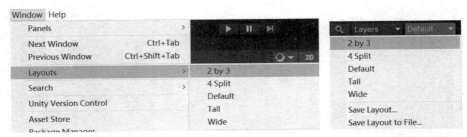

(a) 在Window下拉菜单中单击Layouts选项   (b) Default下拉菜单选项

图 2-4　自定义窗口布局的两种方法

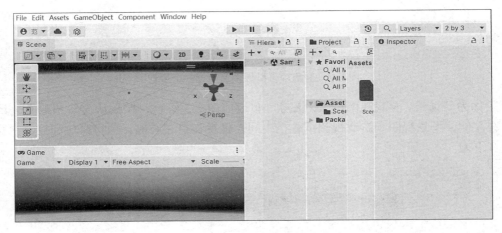

图 2-5　2 by 3 窗口布局模式

选择"4 Split"选项，会得到如图 2-6 所示的窗口布局模式。与 Default 和"2 by 3"两种模式不同，该模式将 Scene 视图分成俯瞰视角（Top）、前视角（Front）、右侧视角（Right）和自由视角（Perspective）4 个视图，开发者可以更清楚地从不同角度观察场景的搭建效果。

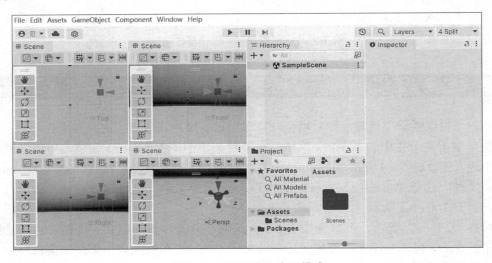

图 2-6　4 Split 窗口布局模式

选择 Tall 选项，会得到如图 2-7 所示的窗口布局模式。在此模式中，Scene 视图显示区域最大，并且 Scene 视图和 Game 视图是重叠放置的，用户搭建场景时只能看到 Scene 视图，在运行场景时仅能看到 Game 视图（与 Default 模式相同）。Hierarchy 窗口和 Project 窗口则被分成上下两个窗口放置在 Scene 视图右侧，而 Inspector 窗口仍在最右侧。

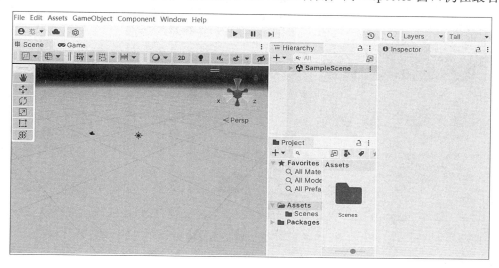

图 2-7　Tall 窗口布局模式

选择 Wide 选项，会得到如图 2-8 所示的窗口布局模式。在此模式中，将 Scene 视图和 Game 视图重叠放置为宽屏模式，Hierarchy 窗口与 Project 窗口则并排放置在下面，Inspector 窗口仍在最右侧。

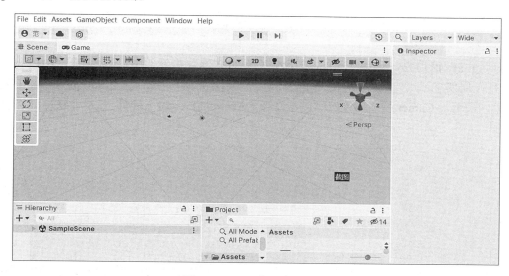

图 2-8　Wide 窗口布局模式

以上 5 种窗口布局模式共同的特点是均将 Inspector 窗口放置在最右侧，这样无论其他 4 个窗口位置如何变化，场景中的对象如何改变，始终可以在相对固定的窗口与视图位置中设置和修改游戏对象参数，提高开发效率。除了以上 5 种窗口布局模式外，用户还可以通过拖动各个窗口及视图的位置，自定义新的窗口布局，以符合用户的特定开发习惯，如图 2-9 所示。

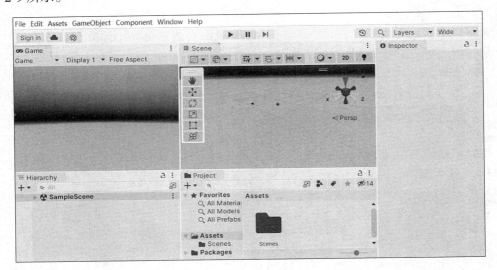

图 2-9　自定义窗口布局模式

2.2　常用窗口与视图

2.2.1　Hierarchy 窗口

Hierarchy 窗口是场景窗口中对象层级关系的文本化表示形式。场景视图中的每一个对象都在层级窗口中有一个对应条目。例如，在层级窗口中，名为 SampleScene 的场景就包含了 Main Camera（主摄像机）对象和 Directional Light（定向光）对象，如图 2-10 所示。

图 2-10　层级窗口

2.2.2　Scene 视图

Scene 视图主要用于编辑场景。通过 Scene 视图中的快捷按钮，可在 3D 和 2D 透视图之间切换，还可以对 3D 物体进行移动、旋转、缩放等操作，如图 2-11 所示。下面重点介绍本书综合实战项目案例中用到的 Scene 视图中的主要功能。

1. 场景播放控制按钮

Scene 视图上方，工具栏中间的三个按钮分别是场景的运行、暂停、逐帧播放按钮，如图 2-12 所示。单击运行按钮，可以在 Game 视图中预览场景窗口中模型、动画等游戏对象设计的效果。预览结束后再次单击运行按钮可结束运行，继续在 Scene 视图中进行编辑调试。运行预览过程中发现问题时，可单击暂停按钮进行问题的排查，还可以单击第三个按钮，逐帧播放查看动画效果。

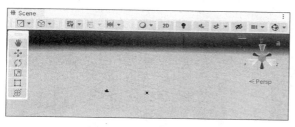

图 2-11　场景视图

图 2-12　场景播放控制按钮

2. 2D/3D 场景模式切换按钮

Scene 视图顶端菜单栏右侧的部分是场景视图控制栏，如图 2-13（a）所示。利用场景视图控制栏的各种工具，可以对场景进行一些非常便捷的操作。场景视图控制栏的第二个按钮是 2D/3D 场景模式切换按钮。在 2D 模式下，摄像机朝向正 z 轴方向，x 轴指向右方，y 轴指向上方，如果场景中有多个物体，场景中会显示两个坐标形成的平面，如图 2-13（b）所示。2D 模式下再次单击该按钮会切换到 3D 模式。

(a) 场景视图控制栏

(b) 多个物体场景下的2D视图

图 2-13　2D/3D 场景模式切换按钮

3. 快捷工具栏

位于 Scene 视图左上方的部分是快捷工具栏。使用其中的工具，可以对场景视图进行各种导航，并对场景中的游戏对象进行移动、旋转、缩放等操作，如图 2-14 所示。

快捷工具栏中第一个（从上至下数）手形工具为场景平移工具，单击该按钮，鼠标指针会变为手形，此时可平移场景，查看场景中的对象，如图 2-15 所示，对象本身的位置不会发生移动。

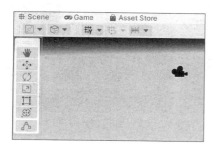

图 2-14　快捷工具栏窗口

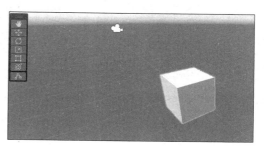

图 2-15　场景平移工具

快捷工具栏中第二个有着四个方向箭头的工具为快捷移动工具。除了场景平移工具，其他快捷工具在使用前都要先单击选中被操作的对象，再执行相应的操作。例如单击选中场景中的 Cube（立方体）对象后，再单击快捷移动工具，此时立方体对象上出现一个三色的坐标轴，拖动任何一个坐标轴，都可以在场景视图中对该对象进行该坐标轴方向上的移动：单击 x 坐标轴后，该坐标轴会变为黄色，此时拖动立方体对象就可沿着 x 轴正方向或负方向移动，如图 2-16（a）所示。如果想让立方体对象同时沿着 x 轴和 y 轴的正方向进行移动，那么可以单击 x 轴和 y 轴夹角处的方框，此时方框就会变为黄色，直接拖曳该方框就可以进行移动，如图 2-16（b）所示。

(a) 沿 x 轴方向移动   (b) 沿着 x 轴和 y 轴正方向移动

图 2-16　快捷移动工具的使用

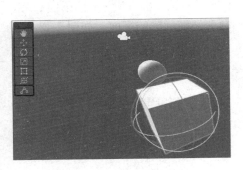

图 2-17　旋转工具的使用

快捷工具栏中第三个工具为旋转工具，可以利用它使物体绕着坐标轴旋转。例如，单击选中立方体对象后，单击旋转工具，立方体对象周围会出现三个代表三个方向坐标轴颜色的圆圈。如果选择红色的圆圈并按住鼠标左键移动，就能沿着 x 轴方向对立方体对象进行旋转了，如图 2-17 所示。

快捷工具栏中第四个工具为缩放工具。选择该工具后，立方体对象的中心会出现一个小的立方体形状的操作柄，如图 2-18（a）所示。如果按住红色的操作柄，可以沿着 x 轴方向缩放立方体对象，如图 2-18（b）所示。如果按住中心位置的小立方体，拖动鼠标可以整体缩放立方体对象，即同时在 x 轴、y 轴和 z 轴上对立方体对象进行缩放，如图 2-18（c）所示。

(a) 选择缩放工具   (b) 沿 x 轴方向缩放   (c) 整体缩放

图 2-18　缩放工具的使用

2.2.3 Project 窗口

Project 窗口用于显示工程项目中所有可用的资源。Assets 文件夹是默认的资源库，用户可根据项目需要，在其中新建 3D 模型、动画、材质、纹理、贴图、脚本等子文件夹，实现对不同种类资源的管理。如图 2-19 所示，Assets 文件夹内包含了一个默认的 Scenes 文件夹，用来存放当前工程项目中所有的场景文件。

2.2.4 Inspector 窗口

Inspector 窗口可用于查看和编辑当前游戏对象的所有组件及属性。由于不同类型的游戏对象具有不同的组件和属性集，因此，不同对象对应的 Inspector 窗口组件和属性会有所不同。例如，在 Hierarchy 窗口选定 Main Camera 对象后，对应的 Inspector 窗口会显示三个默认组件：Transform、Camera 和 Audio Listener，如图 2-20（a）所示。在 Hierarchy 窗口选定 Directional Light 对象后，对应的 Inspector 窗口会显示的两个默认组件是 Transform 和 Light，如图 2-20（b）所示。用户还可根据对象要实现的功能需求，单击下方的 Add Component（添加组件）按钮添加相应的组件。

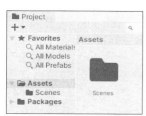

(a) Main Camera对应的组件   (b) Directional Light对应的组件

图 2-19 Project 窗口   图 2-20 检视窗口

每个游戏对象都至少有一个 Transform 组件，以表明该对象在三维场景中的坐标，因此 Transform 组件是不能删除的。如图 2-21（a）所示，Transform 组件没有"移除组件"（Remove Component）的选项。其他组件都是可以删除的，例如"盒型碰撞体"（Box Collider）组件，如图 2-21（b）所示。

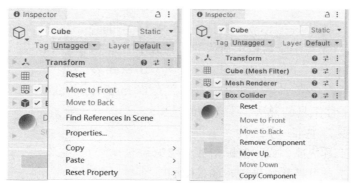

(a) Transform组件不能删除   (b) 其他组件的删除方法

图 2-21 组件的删除

2.2.5　Game 视图

　　Game 视图用于查看场景运行效果，也就是最终发布的应用程序的运行效果。当单击 Unity 工具栏中的场景运行按钮时，Unity 引擎会自动跳转到 Game 视图，使用户能够预览场景运行效果。假如对场景运行效果不满意，需对场景中的游戏对象属性及动画进行修改时，只需再次单击运行按钮，即可在 Scene 视图中进行修改。如果没有停止运行场景，在 Game 视图中的任何更改都不会应用到工程项目中。

2.2.6　Console 窗口

　　Console 窗口用于显示场景运行时编辑器生成的错误、警告和其他消息。这些错误和警告可帮助用户查找项目中的问题，如脚本编译错误。用户也可以在调试项目时，使用 Debug 类将程序变量值打印到控制台，以查看变量值的变化。

习　题

一、单选题

1. Unity 窗口的布局模式不包括（　　　）。
   　A. 2 by 3 　　　　　　　　　　　　　　B. 4 split
   　C. Hight 　　　　　　　　　　　　　　D. Wide

2. 用户在搭建场景过程中需要随时预览效果，这时适合使用（　　　）布局模式。
   　A. 2 by 3 　　　　　　　　　　　　　　B. 4 split
   　C. Hight 　　　　　　　　　　　　　　D. Wide

3. 用户在开发过程中需要从不同角度观察场景搭建效果，适合使用（　　　）布局模式。
   　A. 2 by 3 　　　　　　　　　　　　　　B. 4 split
   　C. Hight 　　　　　　　　　　　　　　D. Wide

4. （　　　）窗口是将场景窗口中对象的层级关系的文本化表示形式。
   　A. Hierarchy 　　　　　　　　　　　　B. Scene
   　C. Project 　　　　　　　　　　　　　D. Inspector

5. 关于场景平移工具的说法，不正确的是（　　　）。
   　A. 快速工具栏中第一个工具
   　B. 单击该工具快捷方式，鼠标指针会变为手形
   　C. 使用该工具可平移场景查看场景中的对象
   　D. 使用该工具平移场景时，对象本身也会发生移动

6. 关于快捷移动工具的说法，不正确的是（　　　　）。

　　A. 使用该工具前要先单击选中被操作的对象，再执行相应的操作

　　B. 使用该工具时，被选中的对象上会出现一个三色的坐标轴

　　C. 使用该工具时，只能沿着 x 轴、y 轴或 z 轴方向移动

　　D. 使用该工具时，能同时沿着 x 轴和 y 轴方向移动

7. 关于旋转工具的说法，不正确的是（　　　　）。

　　A. 只能使对象绕着轴旋转

　　B. 可以随意旋转到需要的角度

　　C. 使用该工具时，被选中的对象周围会出现代表三个方向坐标轴颜色的圆圈

　　D. 使用该工具时，选择红色的圆圈并按住鼠标左键移动对象，就能沿着 x 轴方向旋转对象

8. 关于缩放工具的说法，不正确的是（　　　　）。

　　A. 选择该工具后，被选中对象中心会出现一个小的立方体形状的操作柄

　　B. 如果按住绿色的操作柄，可以沿着 z 轴方向缩放被选中对象

　　C. 如果按住中心位置的小立方体，拖动鼠标可以整体缩放被选中对象

　　D. 整体缩放被选中对象是指同时缩放 x 轴、y 轴和 z 轴

9. 关于 Project 窗口的说法，不正确的是（　　　　）。

　　A. 用于显示工程项目中所有可用的资源

　　B. 用户可以在 Project 窗口中新建文件夹以便于分类存放不同种类的资源

　　C. Project 窗口中会有一个默认的 Assets 文件夹

　　D. Assets 是一个默认的空文件夹

10. 关于 Inspector 窗口的说法，不正确的是（　　　　）。

　　A. 可用于查看和编辑当前对象的所有组件及属性

　　B. 不同的对象在 Inspector 窗口中的默认组件相同

　　C. 用户可以在该窗口中为不同对象添加相应的组件

　　D. 每一个对象至少有一个 Transform 组件

11. 关于 Game 视图的说法，不正确的是（　　　　）。

　　A. 用于查看场景运行效果

　　B. 用户对场景运行效果不满意时，可直接在 Game 视图中进行修改

　　C. 单击运行按钮时，Unity 引擎会自动跳转到 Game 视图

　　D. 如果没有停止运行场景，在 Game 视图中的任何更改都不会应用到工程项目中

12. 关于 Console 窗口的说法，不正确的是（　　　　）。

　　A. 用于显示场景运行时编辑器生成的错误和警告消息

　　B. 用于显示场景运行时脚本中的语法问题

　　C. 窗口中的消息可以帮助用户查找项目中的问题

　　D. 在调试项目时，可以将程序变量值打印到该窗口以查看变量值的变化

二、填空题

1. Unity 默认的窗口布局包括工具栏、＿＿＿＿＿＿＿＿窗口（Hierarchy）、＿＿＿＿＿＿＿＿

视图（Scene）/_____视图（Game）、_____窗口（Inspector）、_____窗口（Project）和_____窗口（Console）6 个组成部分。

2. 在 Unity 的默认窗口布局下，_____视图和_____视图重叠在中间，_____窗口和_____窗口重叠在下方。

三、简答题

1. 简述 Scene 视图中快捷工具栏主要包括的常用工具。

2. 在 Scene 视图中进行场景编辑时，切换成 2D 模式时，应该如何判断三维方向？

第 **3** 章

创建第 1 个 Unity 项目

从本章开始，将创建一个切水果游戏项目，并在后面各章根据学习的内容不断完善该项目功能，直至形成一个功能相对完整的游戏项目。在该游戏中，玩家可以使用手指或鼠标在屏幕上滑动来模拟切割水果的动作，成功切割到飞过屏幕上的水果即可获得相应积分。游戏中包含多种水果，每种水果会有不同的分数或特性。水果中通常会混入炸弹，如果不小心切到炸弹，积分将减少并失去一定的生命值。游戏中会设置计时器，玩家必须在规定时间内切割尽可能多的水果以获取更多积分。随着游戏进度的推进，游戏难度将逐渐增加，如飞行物的速度增加，或水果品种增多等。

3.1　新建 Unity 项目

3.1.1　新建 3D 项目

打开 Unity Hub 后，默认打开的是"项目"选项卡，单击该选项卡界面右上角的"新项目"按钮，如图 3-1 所示，就可以进入创建新项目界面。

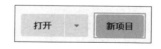

图 3-1　新项目创建按钮

在创建新项目界面的模板列表中，单击"3D 核心模板"。然后，在界面右侧进行项目设置。建议选择有代表性的名称作为项目名称，例如 FruitCutL。对于项目保存位置，应保证选择的路径有充足的磁盘空间，然后单击右下角的"创建项目"按钮，如图 3-2 所示。

创建好新项目后，在 Unity Hub 的"项目"选项卡的项目列表中即可看到创建的新项目，单击该项目名称，就可以在 Unity 编辑器中显示该项目，如图 3-3 所示。可以看到这个新创建的 Unity 项目的默认场景名称为 SampleScene，该场景带有 Main Camera 和 Directional Light 两个默认的游戏对象。

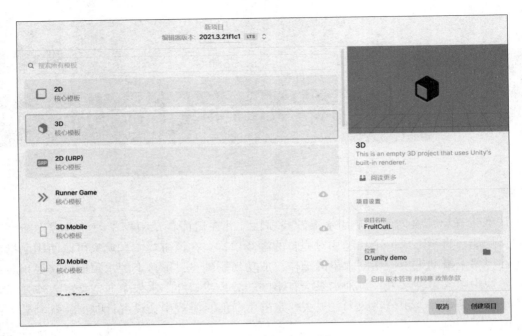

图 3-2　创建新项目界面

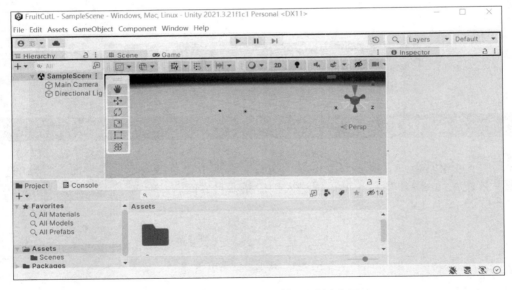

图 3-3　在 Unity 编辑器中打开的新建项目

3.1.2　设置 Unity 编辑器外观偏好

对于 Windows 用户，可以在 Edit 菜单中单击 Preferences，弹出"偏好设置"窗口，如图 3-4 所示。在"常规设置"（General）选项卡中，将 Editor Theme（编辑器主题）参数值由原来的 Dark 修改为 Light，可以使开发环境变得更明亮。

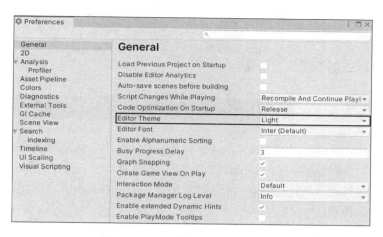

图 3-4　Unity 编辑器外观偏好设置

3.2　设置背景参数

新建项目后，需要进行一些简单的场景和 UI 设计，再通过脚本实现场景的动画效果。场景设计包括场景背景参数设置、添加游戏背景和游戏对象等。

3.2.1　修改场景名称

新建项目后，在 Hierarchy 窗口中就可看到默认的场景名称为 SampleScene，如图 3-5 所示。

在 Project 窗口中单击名称为 SampleScene 的场景图标，将其名字修改为 main，如图 3-6 所示。修改场景名称后可以在 Hierarchy 窗口中看到场景名称已经更改为 main。层

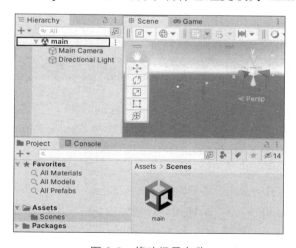

图 3-6　修改场景名称

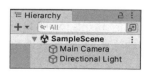

图 3-5　默认场景名称

级窗口包含两个默认的游戏对象："主摄像机"（Main Camera）和"定向光"（Directional Light）。定向光主要用来模拟从无限远的光源处发出的光线，使用此种光源投射出的阴影均平行排布，所以适用于模拟太阳光。

3.2.2 设置背景颜色

在 Hierarchy 窗口中选择 Main Camera 对象，在其对应的右侧 Inspector 窗口中将 Camera 组件下的"背景色"（Background）属性值修改为黑色，再把 Clear Flags 属性值修改为 Solid Color（见图 3-7），该属性值可以在场景运行（Game 窗口）时，将场景空白处显示为默认设置的黑色。

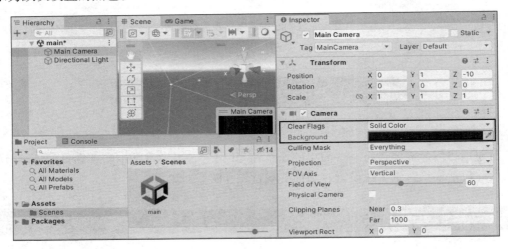

图 3-7　设置主相机参数

3.3　设置游戏背景

3.3.1 添加游戏背景

为了使项目运行时呈现出良好的效果，还需要为场景添加游戏背景。在 Hierarchy 窗口空白处中右击，在弹出菜单中选择 Create Empty 选项，如图 3-8（a）所示，即可创建一个默认名称为 GameObject 的空对象，这里将其重命名为 Background，如图 3-8（b）所示。

在 Hierarchy 窗口中单击 Background 游戏对象，在其对应的 Inspector 面板中单击 Add Component（添加组件）按钮，在搜索框内输入 mesh（网格）后，可分别选择 Mesh Collider（网格碰撞体）、Mesh Filter（网格过滤器）和 Mesh Renderer（网格渲染器）组件，如图 3-9（a）所示。将这三种网格组件都添加进来，如图 3-9（b）所示。

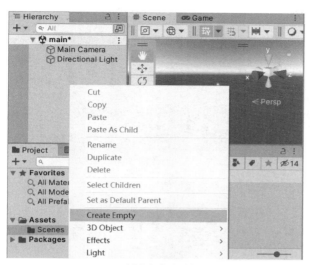

(a) 创建空游戏对象   (b) 重命名游戏对象

图 3-8　重命名游戏对象

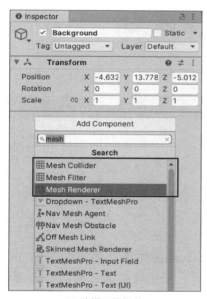
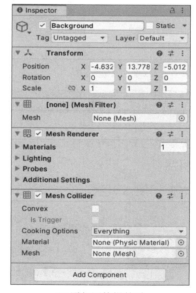

(a) 选择网格组件   (b) 添加网格组件后

图 3-9　添加网格组件

  然后，单击 Mesh Filter 组件下 Mesh 属性后的圆形按钮，在弹出窗口中选择 Plane，如图 3-10（a）所示。这样就为 Mesh Filter 组件添加了一个平面网格，如图 3-10（b）所示。

  此时，在场景视图中就可以看到添加的游戏背景 Background 对象，如图 3-11 所示。这时的 Background 呈现玫红色，是由于没有为网格平面指定材质，发生了材质丢失。材质是在虚拟环境中模拟物体物理性质的部分，如颜色、贴图、纹理、反射等。在实际开发中，通常将材质的全部属性集合统称为材质球，通过设置和调整材质球的具体参数来模拟不同的材质效果，使物体更加的逼真、有层次和生动。

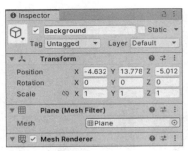

(a) 选择网格属性值

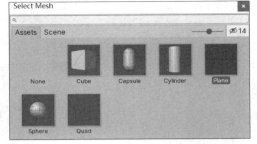

(b) 添加网格属性值后

图 3-10　添加网格属性值

图 3-11　添加的游戏背景对象还未指定材质

3.3.2　添加材质球

添加材质球的方法有两种：一种是用户自己创建，另一种是直接使用已有的材质资源。

1. 创建材质

读者可以使用搜索引擎，搜索并下载一幅适合用作游戏背景的图片，本书案例中的游

Materials　　　　bg.png

图 3-12　游戏背景图片

戏背景图片是一幅木地板图片 bg.png，也可以直接从资源包获取游戏背景图片，如图 3-12 所示。

在 Project 窗口的 Assets 文件夹中空白处右击，依次选择 Create → Folder，新建一个空文件夹，将其命名为 Textury。采用同样的方法，在 Textury 文件夹内分别新建两个文件夹，并将其命名为 Background 和 Materials，分别用来存放项目的背景资源和材质资源，如图 3-13 所示。

在 Materials 文件夹内空白处右击，依次选择 Create → Material，新建一个材质球，如图 3-14 所示。

将新建的材质球重命名为 bg，然后，将准备好的游戏背景图片 bg.png 拖曳到 Materials 文件夹内，如图 3-15 所示。

单击材质球 bg，将图片 bg.png 拖曳到材质球 bg 对应的 Inspector 窗口中的 Main Maps 组件下 Albedo 属性前的方框内。在 Inspector 窗口中，可以看到材质球发生了变化，也可以在 Materials 文件夹内看到材质球发生了变化，如图 3-16 所示。

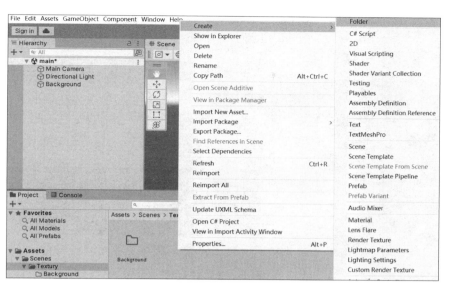

图 3-13　新建文件夹

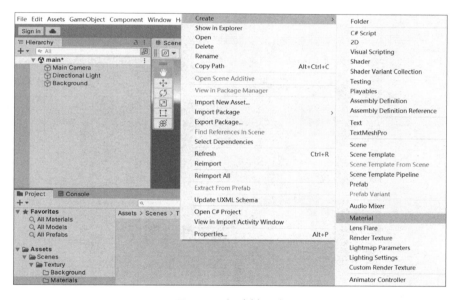

图 3-14　新建材质球

(a) 放置背景图片

(b) 下载的背景图片资源

图 3-15　放置材质球图片

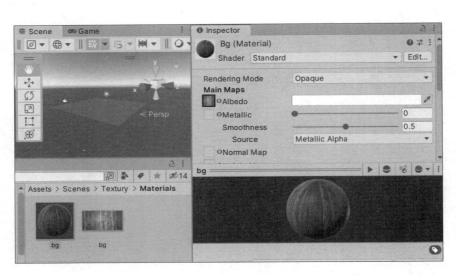

图 3-16　生成材质球

接下来，直接将材质球 bg 拖曳到场景视图中的 Background 游戏对象上，可以看到游戏对象的材质发生了变化，如图 3-17 所示。

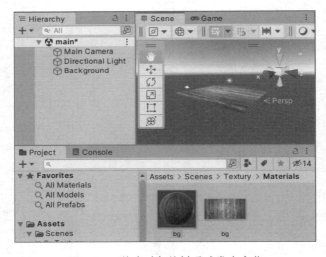

图 3-17　游戏对象的材质球发生变化

这时游戏对象 Background 色彩看起来有点灰暗，为了使其显得更鲜亮一些，可以单击 project 窗口中的材质球 bg，在其对应的 Inspector 窗口中，选择 Shader 属性的下拉菜单（见图 3-18（a）），然后依次选择 Unlit → Texture，如图 3-18 所示。

此时可以在场景视图中看到游戏对象 Background 颜色较之前鲜亮了许多，如图 3-19 所示。

2. 使用已有的材质资源

用户下载本书配备的资源包 FruitCutL.zip 并解压，将刚才新建项目 FruitCutL 下原来的 Assets 文件夹删除，复制解压后 FruitCutL 文件夹下的 Assets 文件夹，将其粘贴到新建项目 FruitCutL 所在的目录下，如图 3-20 所示。

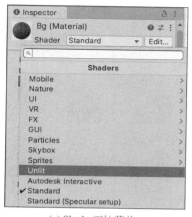

(a) Shader 下拉菜单　　　　　(b) 选择Texture属性值

图 3-18　设置 Shader 属性值

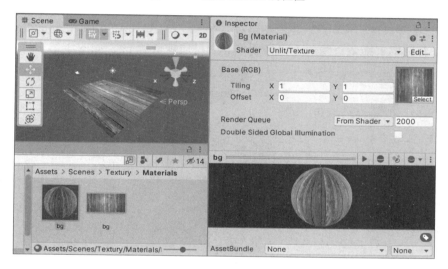

图 3-19　设置 Shader 属性值后的游戏对象效果

　　粘贴完资源包资源，再次回到 Unity 工程项目界面时，Unity 会自动识别并导入新的 Assets 文件夹资源，如图 3-21 所示。

图 3-20　复制资源包资源　　　　　　图 3-21　等待导入新的资源包资源

虚拟现实程序设计（C# 版）

导入完成后，可以在 Project 窗口中看到导入的资源，如图 3-22 所示。

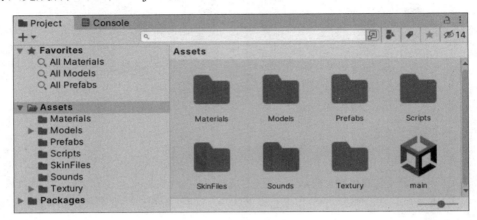

图 3-22　导入的资源包资源

在 Project 窗口中，依次按文件夹路径：Assets → Textury → Background → Materials 打开，可以看到本书配备资源包中已经制作好的材质球资源 bg，如图 3-23 所示。

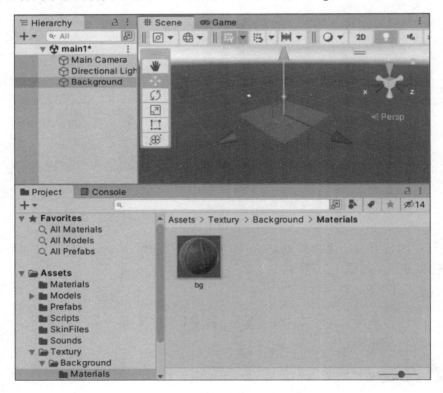

图 3-23　资源包中的材质球资源

将材质球资源直接拖曳到 Scene 视图的 Background 对象上，即可看到 Background 的材质发生了变化，如图 3-24 所示。

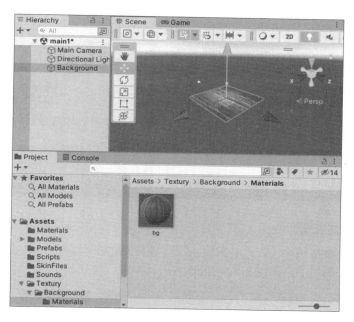

图 3-24　使用资源包中已有的材质球

3.3.3　调整背景位置参数

在场景视图中调整游戏对象角度和位置，使其与摄像机的 z 轴垂直，如图 3-25 所示。

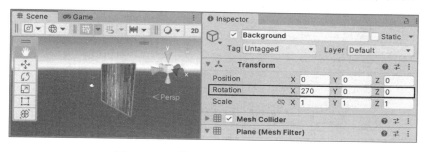

图 3-25　调整游戏背景的角度和位置

在调整游戏背景角度和位置的同时，预览 Game 视图中的效果，并微调摄像机位置，使游戏背景在 Game 视图中占满整个屏幕，如图 3-26 所示。

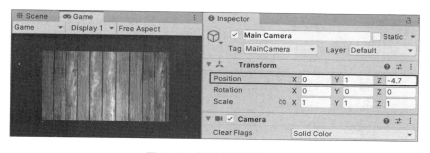

图 3-26　调整摄像机位置

3.4 UI 设计

接下来，在游戏场景中添加一些 UI 设计，包括游戏开始时的倒计时提示、游戏难度等级提示、游戏计时器、实时计分提示、游戏暂停按钮等。

3.4.1 添加游戏倒计时提示

1. 添加 UI 文本标签

在游戏背景中添加两个 UI 文本标签，以实现游戏的倒计时提示功能。在 Hierarchy 窗口的空白处右击，选择 UI → Text-TextMeshPro，如图 3-27 所示。

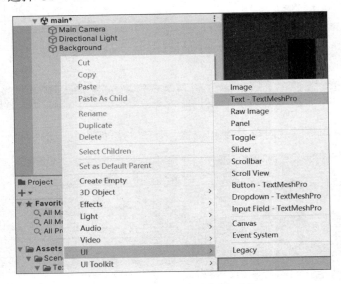

图 3-27　添加 UI 文本标签对象

如果是第一次添加 TextMeshPro 对象，会出现如图 3-28 所示的界面，此时单击 Import TMP Essentials 按钮，导入使用 TextMeshPro 对象时的一些必要元素。

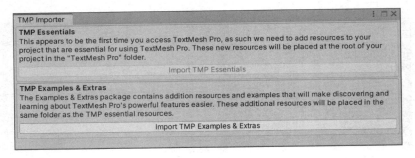

图 3-28　导入 TMP Essentials

导入完成后，在 Hierarchy 窗口中会得到如图 3-29 所示的对象。

单击 Canvas 对象，将其重命名为 GUI，然后单击其子对象 Text（TMP），将其重命名为 GetReady。然后在 GetReady 对象上右击，选择 Duplicate 即可复制一个对象，并将其重命名为 Go，如图 3-30 所示。这两个 UI 文本标签子对象，分别用来提示游戏时间即将开始倒计时和游戏正式开始这两种状态。

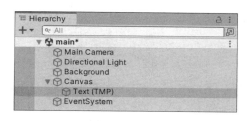

图 3-29　添加 UI 对象后的层级窗口

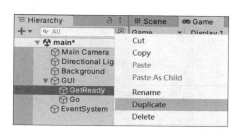

图 3-30　复制并重命名 UI 标签子对象

2. 设置 UI 文本标签位置

在 Scene 视图的视图控制栏中单击 2D 按钮，将场景由 3D 模式切换到 2D 模式，这时可以清楚地看到两个 UI 文本子标签对象。分别选中两个子对象，在 Inspector 窗口中单击 Rect Transform（矩形变换）组件下的 Anchor Presets（锚点预设）下拉选单，选择中部居中位置。然后，在场景视图中拖动文本框将其位置移动到视图中部，如图 3-31 所示。

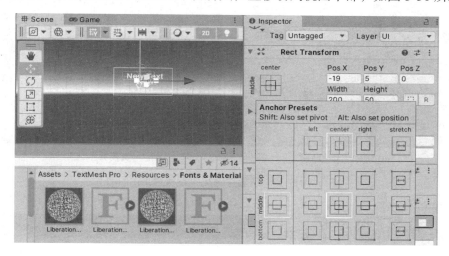

图 3-31　调整文本框位置

3. 设置 UI 文本标签属性

分别单击 GetReady 和 Go 文本框，在 Inspector 窗口中找到 TextMeshPro-Text（UI）组件，在其下的 Text Input 属性框内，将文本名 New Text 分别修改为 Ready 和 Go，并将 Font Style（字体风格）设置为加粗 B，将 Font Size（字号）设置为 80，将 Vertex Color（字体颜色）分别设置为红色和绿色，如图 3-32 所示。

字体属性设置完成后，可以在 Scene 视图和 Game 视图查看字体设置效果，如图 3-33 所示。

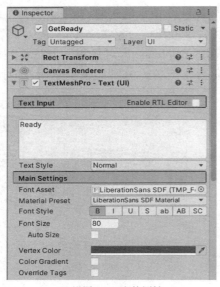

(a) 设置Ready字体属性

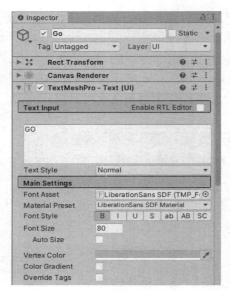

(b) 设置Go字体属性

图 3-32　设置 UI 文本标签的字体属性

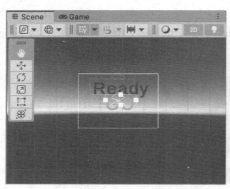

(a) Scene视图显示效果

(b) Game视图显示效果

图 3-33　查看字体属性设置效果

3.4.2　添加游戏难度等级提示

1. 添加 UI 文本标签

接下来，添加游戏难度等级模式和暂停游戏标签。使用 3.4.1 小节添加文本标签的方法，在 Hierarchy 窗口中为游戏对象 GUI 添加一个子对象 LevelName，再为 LevelName 添加两个子对象：首先右击 LevelName，在级联菜单中依次选择 UI → Image，可添加一个图片子对象；然后复制一个 LevelName 对象，并将其拖曳到 LevelName 对象下面，使其成为 LevelName 对象的子对象，如图 3-34 所示。

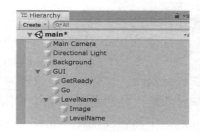

图 3-34　为文本标签添加子对象

2. 设置 UI 文本标签属性

在 Hierarchy 窗口中单击 Image 子对象，在 Inspector 面板的 Image 组件下找到 Source Image 属性，选择图像来源 Box，并且勾选 Raycast Target 和 Fill Center 属性以全面覆盖中心区域，如图 3-35 所示。

图 3-35　添加图片子对象来源

在 Inspector 面板中，为子对象 LevelName 的 Text 属性框内输入文本 EASY，作为游戏难度等级提示信息，并设置字体风格为 Bold（加粗），设置 Alignment（对齐方式）为居中，设置字体颜色为黄色，如图 3-36 所示。

3. 查看 UI 文本标签效果

在 Scene 视图中，可以看到设置标签属性后的效果，如图 3-37 所示。

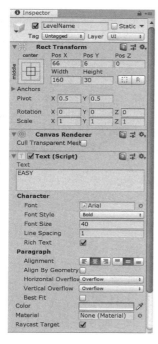

图 3-36　设置游戏难度等级提示标签属性　　　图 3-37　设置游戏难度等级提示标签属性后的效果

3.4.3 添加计时器和积分提示

1. 添加 UI 文本标签

与 3.4.1 小节和 3.4.2 小节中添加文本标签的方法相同，在 Scene 视图右上角添加倒计时和计分标签。在 Hierarchy 窗口中为 GUI 添加子对象并重名为 RightCorner，并为 RightCorner 添加子对象 Background、Timer 和 Points，如图 3-38 所示。

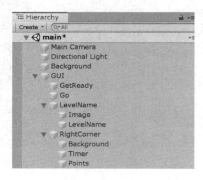

图 3-38　添加计时器和积分提示标签

2. 设置 UI 文本标签属性

Background 属性值的设置与 3.4.2 小节中 Image 的设置方法相同，设置的属性值如图 3-39 所示。

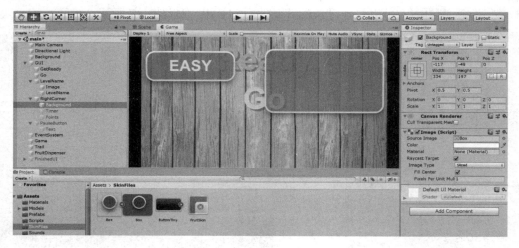

图 3-39　子对象 Background 属性值的设置

Timer 标签用于计时，在 Text 属性框内修改 Text 属性值为 Time:00:00:00，并设置 Font、Font Style、Font Size、Alignment 等属性值，如图 3-40 所示。

Points 标签用于显示游戏中的实时得分，属性值设置如图 3-41 所示。

3. 查看 UI 文本标签效果

设置好 RightCorner 子对象参数值后，可以在 Game 视图中预览效果，如图 3-42 所示。

图 3-40　计时器提示标签属性值的设置

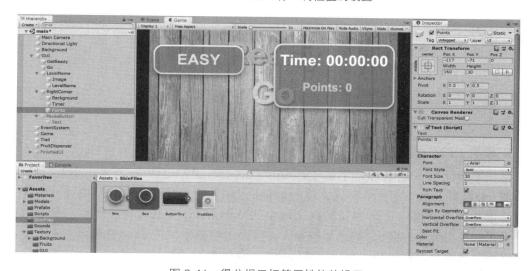

图 3-41　得分提示标签属性值的设置

图 3-42　RightCorner 子对象标签设计效果

3.4.4 游戏暂停按钮

1. 添加 UI 文本标签

游戏过程中，用户可以通过单击游戏暂停按钮以暂停游戏，这里在页面右下角添加一个暂停按钮：在 Hierarchy 窗口空白处右击，在弹出的菜单中选择 UI → Button，如图 3-43 所示，即可创建一个 Button 按钮，并在 Button 按钮下添加一个 Text 文本标签。

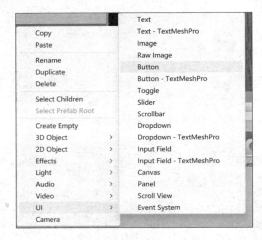

图 3-43　添加 Button 按钮

2. 设置 UI 文本标签属性

右击 Button 按钮将其重命名为 PauseButton，并在 PauseButton 对应的 Inspector 窗口中添加 Image 和 Button 组件。首先，单击 Image 组件下的 Source Image 属性后的圆形按钮，从弹出的界面选择框中单击 SkinFiles 文件中的 ButtonTiny 皮肤文件。然后，单击 Button 组件下 Target Graphic 属性后的圆形按钮，在界面选项框中单击 PauseButton，从而实现在游戏进行时通过单击暂停按钮暂停游戏的功能，如图 3-44 所示。

图 3-44　设置 Button 按钮属性值

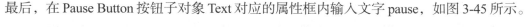

最后，在 Pause Button 按钮子对象 Text 对应的属性框内输入文字 pause，如图 3-45 所示。

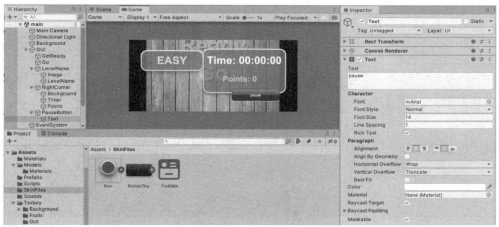

图 3-45　设置 Text 属性值

3.4.5　重新开始游戏提示

1. 添加 UI 文本标签

游戏倒计时 60 秒结束后，窗口应弹出游戏结束提示信息。使用同样的方法，在 Hierarchy 窗口创建 UI 文本对象并重命名为 FinishedUI，再给其创建 4 个 UI 子对象，分别将它们重命名为 Window、WindowSmall、Label、Button。在 WindowSmall 下面再创建一个 UI 子对象用来放置计时器 Timer 的文本提示，在按钮 Button 下面创建一个 UI 子对象，并将其重名为 Text，用于显示重新开始游戏的提示信息 Restart，如图 3-46 所示。

2. 设置 UI 文本标签属性

Window 对象的 Source Image 属性值仍采用 Box，运行时使 Box 覆盖整个游戏界面，如图 3-47 所示。

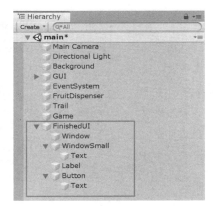

图 3-46　创建游戏结束提示 UI 对象

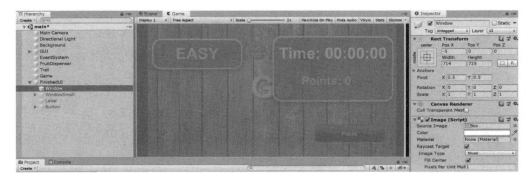

图 3-47　Window 运行界面

虚拟现实程序设计（C# 版）

　　将 WindowSmall 下面的子对象 Text 的 Text 属性值修改为"Timer:"，并将字体颜色设置为醒目的绿色，使 WindowSmall 界面在运行时弹出 Timer 信息提示，如图 3-48 所示。

图 3-48　WindowSmall 运行界面

　　使用同样的方法，将 Label 对象的 Text 属性值修改为"Game Over!"，将字体颜色设置为橙色，从而在游戏结束时显示"Game Over!"文字提示信息，如图 3-49 所示。

图 3-49　Label 子对象运行界面

　　将按钮 Button 子对象 Text 文本修改为 Restart，使游戏结束时显示 Restart 按钮，提示用户可以重新开始游戏，如图 3-50 所示。

图 3-50　重新开始游戏按钮运行界面

3.5 资源包的使用

对于完成 3.2 节至 3.4 节场景和 UI 设计有困难的读者，可以在导入资源包资源后，直接双击资源包中的场景文件 main，在加载场景文件后即可在 Hierarchy 窗口和 Game 视图中看到所有游戏对象和场景设计效果，如图 3-51 所示。

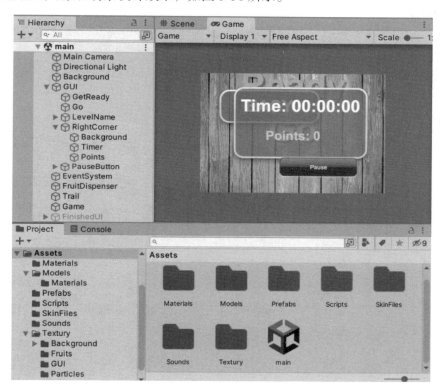

图 3-51 使用资源包中已有场景和 UI 资源

至此，贯穿整本书开发案例的准备工作基本上就完成了，后面每章将根据学习内容逐渐添加脚本，对游戏动画和功能进行完善。

习　　题

一、填空题

1. 一个新创建的 Unity 项目，其默认的场景名称为＿＿＿＿＿＿＿＿。

2. 在新创建的 Unity 项目中，层级窗口包含＿＿＿＿＿＿＿＿和＿＿＿＿＿＿＿＿两个默认的游戏对象。

3. 要为游戏对象添加组件时，通常在其对应的＿＿＿＿＿＿＿＿中单击＿＿＿＿＿＿＿＿按钮进行添加。

4. 场景视图中的游戏对象呈现玫红色，通常是发生了＿＿＿＿＿＿＿＿，需要为该游戏对象添加一个＿＿＿＿＿＿＿＿。

5. 制作材质时，通常将材质贴图图片拖曳到其对应 Inspector 窗口中＿＿＿＿＿＿＿＿组件下的＿＿＿＿＿＿＿＿属性前的方框内。

二、简答题

1. Unity 编辑器外观默认为黑底白字，如果想将外观设置为灰底黑字的清爽模式，该如何操作？

2. 为场景中的游戏对象添加材质，通常有哪些方法？

第 2 篇
虚拟现实程序设计基础

  Unity 核心引擎是 C#（C sharp）语言编写的，这意味着使用 C# 语言可以最大限度地利用 Unity 功能，并与引擎进行深入的交互。因此学习 Unity 开发通常需要先学习 C# 语言基础知识。C# 语言是一种面向对象、面向组件的编程语言，需要学习类和对象等基础概念、字符串与正则表达式、委托和事件、集合和泛型、常用接口等的使用方法。Unity 提供的很多组件和功能都需要用脚本代码来控制，如果读者没有牢固的 C# 语言基础，就无法高效地使用 Unity 引擎。只有熟练掌握这些编程基础知识，才能在 Unity 中顺利地用 C# 来开发游戏项目。

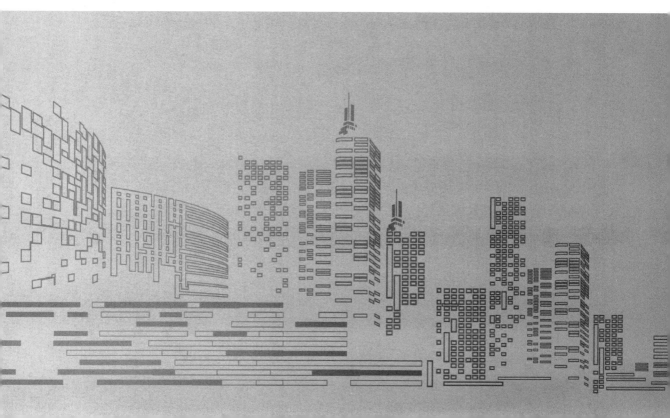

第 4 章

C# 基础概念

理解和掌握面向对象编程的相关概念和语法是学习 C# 编程的重要基础，包括命名空间与程序入口、属性、方法、结构、类和对象的基本概念和用法。

4.1　命名空间与程序入口

4.1.1　命名空间

命名空间（Namespace）是 C# 中用于组织和管理类、接口、结构体等代码实体的逻辑容器，可以避免名称冲突，使代码更易于阅读与维护。命名空间类似于文件夹，可自由命名且具有层级，命名空间中的各个类（Class）就像文件夹中的文件，通过类名及层级来分类存放。

1. 命名空间的作用

命名空间用于将代码元素进行分组，以便更好地组织和管理项目，防止名称冲突，使代码更具可读性。

2. 命名空间的声明

在 C# 中，使用 namespace 关键字声明命名空间。

3. 嵌套命名空间

可以在一个命名空间内创建其他命名空间，这种现象被称为命名空间的嵌套。通过嵌套命名空间，可以更细粒度地组织代码，分离不同部分的功能，使代码的结构更清晰。通常使用花括号 {} 或"."包含要嵌套的命名空间。如图 4-1 所示，代码采用花括号定义嵌套命名空间的格式。namespace 为定义命名空间的关键字，Outer 为外层命名空间名称，该命名空间内嵌套了一个名为 Middle 的中层命名空间，中层命名空间包含在外层命名空间所在的一对大括号内；中层命名空间 Middle 也包含一对大括号，括号内又嵌套了一个名为 Inner 的内层命名空间；内层命名空间 Inner 的大括号内是内层命名空间所属的代码部分，可以定义具体的类、接口、结构体等。

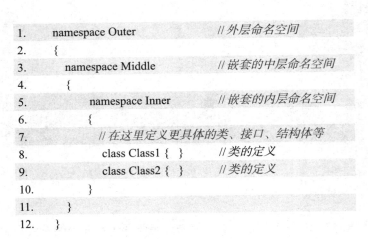

```
1.   namespace Outer              //外层命名空间
2.   {
3.       namespace Middle         //嵌套的中层命名空间
4.       {
5.           namespace Inner      //嵌套的内层命名空间
6.           {
7.               //在这里定义更具体的类、接口、结构体等
8.               class Class1 {  }     //类的定义
9.               class Class2 {  }     //类的定义
10.          }
11.      }
12.  }
```

图 4-1　嵌套命名空间格式 1

嵌套的命名空间还可以使用"."符号来嵌套定义，如图 4-2 中代码所示。

```
1.   namespace Outer.Middle.Inner   //嵌套命名空间定义
2.   {
3.       class Class1 {  }           //类的定义
4.       class Class2 {  }           //类的定义
5.   }
```

图 4-2　嵌套命名空间格式 2

图 4-1 和图 4-2 中的两种定义嵌套命名空间的格式在语义上是等价的。在图 4-2 所示的代码中，如果内部的类没有声明属于哪一个命名空间，则它存在于全局命名空间。全局命名空间包含了顶层命名空间，如图 4-2 中的 Outer 命名空间。

4. using 指令

using 指令用于导入命名空间，可以避免使用完全限定名称来指代某种类型。图 4-3 中的代码导入了图 4-2 中的 Outer.Middle.Inner 命名空间。

```
1.   using Outer.Middle.Inner;
2.   class Test
3.   {
4.       static void Main()
5.       {
6.           Class1 c1;   //此处不需要一层一层地指定 Class1 的命名空间，因为已经通过 using 引入
7.       }
8.   }
```

图 4-3　导入命名空间 Outer.Middle.Inner

使用 using static 可以引用命名空间中的静态成员，该指令只支持字段、属性及嵌套类型，不支持实例成员。当使用 using static 时，只需要将该指令添加在文件顶部，即放在 namespace 的定义之前，如图 4-4 所示，引用 Math 类的静态成员后可直接调用 PI。

```
1.    using System;
2.    using static System.Math;              // 引用 Math 类的静态成员
3.    namespace SomeNameSpace
4.    {
5.        public class MyClass
6.        {
7.            static void Main()
8.            {
9.                double a = 2 * PI;          // 可直接使用 PI
10.               Console.WriteLine(a);
11.               Console.ReadLine();
12.           }
13.       }
14.   }
```

图 4-4   using static 的使用

5. 命名空间中的规则

1）名称范围

在外层命名空间中声明的名称能够在内层命名空间中使用。如图 4-5 中第 3 行代码所示，在外层命名空间 Outer 中声明了一个公共类 OuterClass，第 8 行代码在内层命名空间中声明的类可以直接继承在外层命名空间中声明的类。

```
1.    namespace Outer                        // 外层命名空间
2.    {
3.        public class OuterClass {  }
4.        namespace Middle                    // 嵌套的中层命名空间
5.        {
6.            namespace Inner                 // 嵌套的内层命名空间
7.            {
8.                class Class1 : OuterClass {  }  // 声明的类可以直接继承外层命名空间的类
9.            }
10.       }
11.   }
```

图 4-5   内层命名空间使用外层命名空间的类

在命名空间的分层结构中，不同分支中的类型需要使用部分限定名称。如图 4-6 中代码所示，Inner 和 Inner2 是两个并列的内层命名空间，在命名空间 Inner2 内部声明的类 Class2，不能直接使用同一层次命名空间 Inner 内定义的类 Class1，需要使用部分限定名称，即可以表达为 Class Class2: Outer.Middle.Inner.Class1 { }。

2）名称隐藏

如果同一类型名称同时出现在外层和内层命名空间中，则内层名称优先；如果要使用外层类型，必须使用它的完全限定命名。如图 4-7 中代码所示，在内外层命名空间内都声明了一个类 One，在内层命名空间 Test 类中，第 9 行代码引用类 One 时默认引用内部

```
1.    namespace Outer                          // 外层命名空间
2.    {
3.        public class OuterClass {  }
4.        namespace Middle                      // 嵌套的中层命名空间
5.        {
6.            namespace Inner                   // 嵌套的第 1 个内层命名空间
7.            {
8.                class Class1 : OuterClass {  } // 声明的类可以直接继承外层命名空间的类
9.            }
10.           namespace Inner2                  // 嵌套的第 2 个内层命名空间
11.           {
12.               class Class2 : Inner.Class1 {  } // 此处不能直接使用 Class1
13.           }
14.       }
15.   }
```

图 4-6　同层级命名空间的使用

的类 One；如果要使用外层命名空间中的类 One，需要使用完全限定命名 Outer.One 指明。无论是采用哪种方式，所有类型名称在程序编译时都会被转换为完全限定名称，因为中间语言代码不包含非限定名称和部分限定名称。

```
1.    namespace Outer                          // 外层命名空间
2.    {
3.        public class One {  }
4.        namespace Inner                       // 嵌套的内层命名空间
5.        {
6.            class One {  }
7.            class Test
8.            {
9.                One inner;                    // =Outer.Inner.One
10.               Outer.One outer;              // =Outer.One
11.           }
12.       }
13.   }
```

图 4-7　引用内外层同名的类

3）重复的命名空间

只要命名空间中的类型名称不冲突，就可以重复声明同一个命名空间。如图 4-8 中代码所示，从语义上来说，代码与在 Outer 命名空间中同时定义 Class1 和 Class2 是一样的，也可以将两个类分别定义在两个不同的源文件中，编译到不同的程序集中。

4）命名空间别名

导入命名空间可能会导致类型名称的冲突，这时可以为导入的类型创建别名，如图 4-9 中代码所示。

也可以为导入的整个命名空间创建别名，如图 4-10 中代码所示。

```
1.    namespace Outer                              //外层命名空间
2.    {
3.        class Class1 {  }
4.    }
5.    namespace Outer                              //重复的外层命名空间
6.    {
7.        class Class2 {  }                        //与 Class1 的类型名称不同
8.    }
```

图 4-8   可以声明重复的命名空间

```
1.    using Assembly2 = System.Reflection.Assembly;    //为命名空间中的指定类型创建别名
2.    class Program
3.    {
4.        Assembly2 asm;                               // = System.Reflection.Assembly
5.    }
```

图 4-9   为命名空间中的指定类型创建别名

```
1.    using R = System.Reflection;                 //为整个命名空间创建别名
2.    class Program
3.    {
4.        R.Assembly asm;                          // = System.Reflection.Assembly
5.    }
```

图 4-10   为整个命名空间创建别名

5）命名空间别名限定符

前面提到，由于内层命名空间中的名称优先级更高，会隐藏外层命名空间中的名称，有时即使使用类型的完全限定名称也无法解决冲突，如图 4-11 所示。

```
1.    namespace N
2.    {
3.        class A
4.        {
5.            A.B b;    //此处虽然使用完全限定名称，但还是会引用嵌套类 B 的实例，而不
                        //是命名空间 A 中的类 B
6.            class B {  }
7.        }
8.    }
9.    namespace A
10.   {
11.       class B {  }
12.   }
```

图 4-11   使用类型限定名称出现冲突的情况

要解决这样的冲突，可以使用全局命名空间关键字 global 来限定命名空间的名称，如图 4-12 中代码所示。

```
1.   namespace N
2.   {
3.       class A
4.       {
5.           global::A.B b;    // 通过 global 限定全局命名空间下的 A 命名空间中的类 B
6.           class B { }
7.       }
8.   }
9.   namespace A
10.  {
11.      class B { }
12.  }
```

图 4-12　使用全局命名空间关键字限定名称冲突

4.1.2　Main() 方法

Main() 方法是 C# 控制台应用程序和 Windows 窗体应用程序的入口点。运行 C# 应用程序时，系统会自动查找并执行 Main() 方法。在 Main() 方法中，可以编写代码来执行各种任务，例如打印消息、处理输入、调用其他方法等。

1. Main() 方法的声明

Main() 方法在声明时名称必须为 Main，既可以带参数和返回值，也可以没有参数和返回值。Main() 方法是程序的入口点，无须创建类的实例。图 4-13 中的代码是几种常见的 Main() 方法的声明形式。其中，第 1 行代码为不带参数、没有返回值的声明形式，static 表示 Main() 方法是静态的，void 表示 Main() 方法不返回任何值。第 2 行代码为带参数、没有返回值的声明形式，(string[] args) 表示 Main() 方法接收一个字符串数组参数 args，这个参数可以用来接收命令行参数或其他启动参数。第 3 行代码为不带参数、返回值为 int 类型的声明形式。第 4 行代码为带参数、返回值为 int 类型的声明形式。

```
1.   static void Main()
2.   static void Main(string[] args)
3.   static int Main()
4.   static int Main(string[] args)
```

图 4-13　Main() 方法的声明

2. 命令行参数

Main() 方法的参数 args 是一个字符串数组，它可以用来接收命令行传递的参数。例如，如果在命令行中运行程序并传递了参数，这些参数会被存储在 args 数组中，并且可以通过程序来访问和处理它们，如图 4-14 中代码所示。

```
1.      using system;
2.
3.      namespace Hello
4.      {
5.          class Program
6.          {
7.              static void Main(string[] args)
8.              {
9.                  foreach (string arg in args)
10.                 {
11.                     Console.WriteLine(arg);
12.                 }
13.             }
14.         }
15.     }
```

图 4-14　Main( ) 方法命令行参数

设置参数 string[] args 的方式：在 Visual Studio 界面右侧解决方案资源管理器中项目名称 Hello 上右击，在弹出的菜单中选择"属性"选项，如图 4-15 所示。

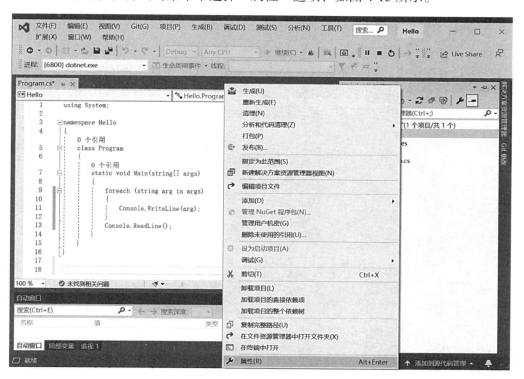

图 4-15　设置参数 string[] args 的方式

在弹出界面的"调试"选项卡的配置界面中，输入"应用程序参数"，如图 4-16 所示。运行程序，可以在命令窗口看到输出结果，如图 4-17 所示。

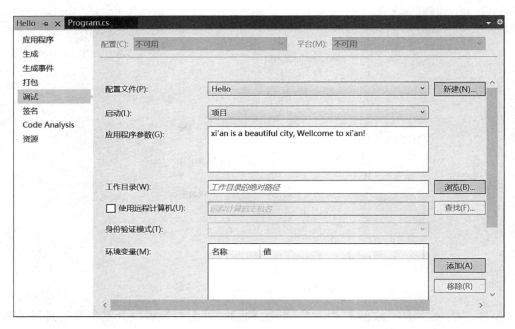

图 4-16　输入应用程序参数

3. Main() 方法的使用

Main() 方法是 C# 应用程序的必要组成部分，如果没有它，程序将无法执行。一个应用程序中可以有多个类，但只能有一个 Main() 方法，用于指定程序的入口点。图 4-18 中的代码是一个简单的 C# 控制台应用程序，展示了 Main() 方法的基本用法：Main() 方法用于打印 "Hello, world!" 字符串，遍历任何传递给程序的命令行参数并打印出参数值。

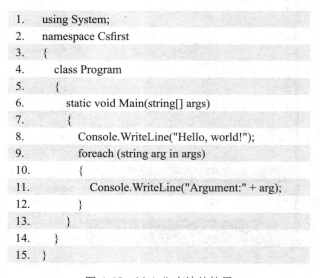

```
1.    using System;
2.    namespace Csfirst
3.    {
4.        class Program
5.        {
6.            static void Main(string[] args)
7.            {
8.                Console.WriteLine("Hello, world!");
9.                foreach (string arg in args)
10.               {
11.                   Console.WriteLine("Argument:" + arg);
12.               }
13.           }
14.       }
15.   }
```

图 4-17　命令窗口输出结果　　　　　　图 4-18　Main() 方法的使用

执行图 4-15 和图 4-16 所示的步骤后，单击运行按钮，程序的运行结果如图 4-19 所示。

图 4-19　使用 Main( ) 方法后的程序运行结果

4.1.3　访问修饰符

访问修饰符（Access Modifiers）用于控制类成员（字段、方法、属性等）的可访问性。它们决定了哪些代码可以访问类的成员，哪些代码无法访问。C# 支持 public、private、protected、internal、protected internal 和 private protected 这 6 种访问修饰符。

1. public

带有 public 修饰符的成员为公共成员。用户可以从任何地方访问公共成员，包括类的外部和其他程序集。

2. private

带有 private 修饰符的成员为私有成员。用户只能在私有成员所属的类内部访问，这是最严格的可访问性级别。

3. protected

带有 protected 修饰符的成员为受保护成员。用户只能在受保护成员所属的类内部及继承自该类的子类中访问受保护成员。

4. internal

带有 internal 修饰符的成员为内部成员。用户可以在同一程序集内的任何类中访问内部成员，但不能在不同的程序集中访问。

5. protected internal

带有 protected internal 修饰符的成员为受保护内部成员。用户可以在同一程序集内的任何类中及继承自该类的子类中访问受保护内部成员，即具有内部和受保护两种可访问性。

6. private protected

带有 private protected 修饰符的成员为私有受保护成员。用户可以在同一程序集内的任何类中及继承自该类的子类中访问私有受保护成员，但不能在不同的程序集中访问。

这些访问修饰符可以用于类的成员，例如字段、属性、方法、构造函数等。通过合理使用这些修饰符，可以控制代码的可访问性，以实现信息隐藏和封装，从而提高代码的安全性和可维护性。

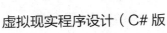

4.2 属 性

4.2.1 属性的概念

属性（Properties）是一种特殊成员，用于封装类、结构、接口的字段（数据成员，用于存储对象的状态或属性，可以是各种数据类型，如整数、字符串、其他类的实例等），允许以类似于字段的方式访问和修改对象的状态，通常包括 getter（获取值）和 setter（设置值）两种方法。例如，为类型为 string 的 Person 属性声明 get 和 set 访问器的方法如图 4-20 中代码所示。

```
1.   //声明类型为 string 的 Person 属性
2.   public string Person
3.   {
4.     get
5.     {
6.       return person;
7.     }
8.     set
9.     {
10.      person = value;
11.    }
12.  }
```

图 4-20　声明 get 和 set 访问器

4.2.2 属性的使用

属性通过 get 和 set 访问器提供了一种用于访问和修改对象状态的方法，允许用户以类似于访问字段的方式来访问属性，同时允许在访问和设置属性时添加额外的逻辑。属性的主要作用如下。

（1）封装性：属性允许用户将字段的访问控制在类内部，防止直接访问和修改字段，从而提高了类的封装性和安全性。

（2）逻辑控制：用户可以在属性的 get 和 set 访问器中添加数据验证、计算或触发事件等逻辑，以确保数据的一致性和有效性。

（3）可读性：通过属性，用户可以使用类似于字段的语法来访问和修改数据，使代码更易读和维护。

（4）属性访问器：属性的 get 和 set 访问器分别用于获取和设置属性的值。get 访问器用于返回属性值，set 访问器用于设置属性值。

（5）自动属性：C# 还提供自动属性，它们不需要显式定义字段，编译器会自动生成一个私有字段来存储属性值。

（6）属性的应用：属性广泛用于类的成员，如实例字段、静态字段、自动属性等，以提供对数据的控制和封装。

总之，属性是 C# 中用于控制字段访问和添加逻辑的重要工具，有助于提高代码的可维护性和可读性。访问属性时，其行为类似于字段。与字段不同的是，属性通过访问器实现，访问器用于定义访问属性或为属性赋值时执行的语句。例如，定义一个简单的类结构，该结构包含一个名为 Person 的公共类，类中包含一个名为 FirstName 的字符串类型字段，该字段可以存储字符串值，也可以为空，示例代码如图 4-21 所示。

```
1.    public class Person
2.    {
3.        public string FirstName;
4.
5.        //为简洁起见省略
6.    }
```

图 4-21　类的基本结构

如果要访问或设置 FirstName 属性值，可以定义 get 和 set 访问器的声明，实现对 FirstName 属性值的自动访问，如图 4-22 中代码所示。

```
1.    public class Person
2.    {
3.        public string FirstName { get; set; }
4.
5.        //为简洁起见省略
6.    }
```

图 4-22　设置访问器实现对属性值的自动访问

如果需要将属性初始化为其类型默认值以外的值，可以在属性的右括号后设置值。例如，用户希望将 FirstName 属性的初始值设置为空字符串而非 null，可以使用如图 4-23 所示代码。

```
1.    public class Person
2.    {
3.        public string FirstName { get; set; } = string.Empty;
4.
5.        //为简洁起见省略
6.    }
```

图 4-23　设置属性初始值为默认值以外的值

在属性语法中，特定初始化对于只读属性最有效，在存储时可以自行定义。图 4-24 中的代码定义了一个名为 Person 的类，该类中包含一个名为 FirstName 的公共属性和一个

虚拟现实程序设计（C# 版）

名为 _firstName 的私有字段。这个属性使用了属性访问器来控制对属性值的访问和设置。FirstName 属性是公共的，其他类也可以访问，但是 _firstName 是私有的，只能在该类的内部访问。同时，使用 get 来获取属性的值，使用 set 设置属性的值。这种使用方式允许在获取和设置属性值时执行自定义的逻辑。

```
1.   public class Person
2.   {
3.       public string FirstName
4.       {
5.           get { return _firstName; }
6.           set { _firstName = value; }
7.       }
8.       private string _firstName;
9.
10.      // 为简洁起见省略
11.  }
```

图 4-24　自定义存储

在传统的属性定义中，getter( ) 或 setter( ) 方法包含多行代码。如果属性实现的是单个表达式时，可为使用 expression-bodied 成员语法来简化该部分，使代码更为简洁和清晰，如图 4-25 所示。=> 为 C# 中的 Lambda 表达式，读作 goes to，用于将左侧输入变量与右侧的 Lambda 体分离。该段代码中 set 访问器始终具有一个名为 value 的参数，而 get 访问器必须返回一个值，该值可转换为该属性的类型（本例中为 string）。该示例是属性定义中最简单的一种情况：不进行验证的读 - 写属性。通过在 get 和 set 访问器中编写所需的代码，可以创建多种不同的方案。

```
1.   public class Person
2.   {
3.       public string FirstName
4.       {
5.           get => _firstName;
6.           set => _firstName = value;
7.       }
8.       private string _firstName;
9.       // 为简洁起见省略
10.  }
```

图 4-25　使用 expression-bodied 成员简化代码

属性允许对类的成员进行更加精细的控制，以提高代码的可操作性。图 4-26 中的代码展示了如何使用属性来封装字段，并在设置属性值时添加逻辑控制，以确保数据的有效性。

60

```
1.    using System;
2.    class Person
3.    {
4.        private string name;              //私有字段
5.        //属性的定义
6.        public string Name
7.        {
8.            get { return name; }          //读取属性值时调用的代码
9.            set
10.           {
11.               if (!string.IsNullOrEmpty(value))
12.               {
13.                   name = value;         //设置属性值时调用的代码
14.               }
15.               else
16.               {
17.                   Console.WriteLine(" 姓名不能为空！");
18.               }
19.           }
20.       }
21.   }
22.   class Program
23.   {
24.       static void Main( )
25.       {
26.           Person person = new Person( );
27.           //使用属性设置和获取字段的值
28.           person.Name = "John";
29.//$ 是 string.format() 的简化，可以把字符串中的 C# 变量 { } 包含起来，从而达到识别 C# 变量的
     // 目的 $"{id}";
30.           Console.WriteLine($"Name: {person.Name}"); // 输出：Name: John
31.           //试图设置一个空姓名，触发属性的逻辑
32.           person.Name = " ";              //输出：姓名不能为空！
33.       }
34.   }
```

图 4-26   设置属性值时添加逻辑控制

4.2.3   属性与常量

在 C# 中，常量（Constants）是一种特殊的变量，其值在程序编译时就被确定，并且不能在运行时修改。常量通常用于存储在整个应用程序中都不会改变的固定值，例如数学常数、配置选项、枚举值等。

1. 常量的声明

常量可以使用 const 关键字声明。常量在声明时必须同时指定数据类型和初始值，如

图 4-27 中代码所示。

```
1.    const int MaxValue = 100;
2.    const string ApplicationName = "MyApp";
```

图 4-27　常量的声明

2. 常量的值

常量的值在编译时就被确定了，并且编译后在程序的整个生命周期中始终保持不变，因此常量通常用于存储数值不会改变的量，例如数学常数 π、数据库连接字符串、API 密钥、枚举值的定义等，以提高代码的可读性和可维护性。常量在使用过程中，要注意以下特点。

（1）只读性：常量是只读的，无法在程序中修改，任何尝试为常量赋新值的操作都会导致编译错误。

（2）常量的作用域取决于其声明的位置：常量的作用域从定义该常量的类、命名空间或程序位置开始，一直到其所在的类、命名空间或整个程序结束。

（3）常量的命名通常使用大写字母和下画线：按照常见的命名规范，常量的名称通常使用大写字母命名，并使用下画线分隔单词，以提高可读性，如图 4-28 中代码所示。

```
const int MAX_VALUE = 100;
```

图 4-28　常量的命名规则

（4）常量与只读（readonly）字段不同：常量的值在程序编译时就确定了，而只读字段的值通常在程序运行时由构造函数或其他方法设置。

图 4-29 中的代码展示了如何声明和使用 C# 中的常量。Pi 是一个常量，其值在编译时被确定，因此无法在 Main( ) 方法中修改，这也是使用常量时易犯的典型错误。

```
1.    class Program
2.    {
3.        const double Pi = 3.14159265359;
4.
5.        static void Main()
6.        {
7.            Console.WriteLine("Pi is a constant: " + Pi);
8.            // 尝试修改常量的值将导致编译错误
9.            // Pi = 3.14; // 编译错误
10.       }
11.   }
```

图 4-29　常量的使用

3. 常量的分类

1）整数常量

整数常量可以表示为十进制、八进制或十六进制形式。前缀用于指定数字的基数。

使用前缀 0x 或 0X 表示十六进制，例如 0x1B 表示十六进制数 1B。使用前缀 0 表示八进制，例如 015 表示八进制数 15。如果没有前缀，则默认为十进制，例如用 42 表示十进制数 42。整数常量还可以具有后缀，用于指定整数的类型和范围。使用 U 或 u 后缀表示 unsigned，即无符号整数。例如用 44U 表示无符号整数 44。使用 L 或 l 后缀表示 long，即长整数。例如用 8L 表示长整数 8。后缀可以以任何顺序组合，例如用 44UL 表示无符号长整数，44LU 同样表示无符号长整数。这种方式能明确指定整数的类型，以适应不同的需求和存储要求。

2）浮点常量

浮点常量由整数部分、小数点、小数部分和指数部分组成。在使用浮点形式表示时，浮点常量必须包含整数部分、小数点、指数部分，或同时包含这些元素。而在使用指数形式表示时，浮点常量必须包含整数部分、小数部分，或同时包含这两者。有符号的指数通常用 e 或 E 表示。

3）字符常量

字符常量被包裹在单引号内，例如 'x'，并且可以存储在一个简单的字符类型变量中。字符常量可以是普通字符（例如 'x'）、转义序列（例如 '\t'，表示制表符）或通用字符（例如 '\u02C0'，表示 Unicode 字符）。在 C# 中有一些特定的字符，当它们前面带有 '\' 时会有特殊的意义，可用于表示换行符（'\n'）或制表符 tab（'\t'）。表 4-1 中列出了一些转义序列码。

表 4-1 转义序列码及其含义

转义序列	含　　义
\\	\ 字符
\'	' 字符
\"	" 字符
\?	? 字符
\a	Alert 或 bell
\b	退格键（Backspace）
\f	换页符（Form feed）
\n	换行符（Newline）
\r	回车
\t	水平制表符（tab）
\v	垂直制表符（tab）
\ooo	1~3 位的八进制数
\xhh	一个或多个数字的十六进制数

4）字符串常量

在 C# 中，字符串常量被包裹在双引号 "" 里，或者使用 @"" 形式的字符串。字符串常量可以包含各种字符，包括普通字符、转义序列和通用字符。在使用字符串常量时，可以将一个长字符串拆分成多行，而且可以使用空格将不同部分分隔开。图 4-30 代码演示了如何在程序中定义和使用常量。

```
1.   using System;
2.   public class ConstTest
3.   {
4.       class SampleClass
5.       {
6.           public int x;
7.           public int y;
8.           public const int c1 = 5;
9.           public const int c2 = c1 + 5;
10.          public SampleClass(int p1, int p2)
11.          {
12.              x = p1;
13.              y = p2;
14.          }
15.      }
16.      static void Main( )
17.      {
18.          SampleClass mC = new SampleClass(11, 22);
19.          Console.WriteLine("x = {0}, y = {1}", mC.x, mC.y);
20.          Console.WriteLine("c1 = {0}, c2 = {1}",
21.                  SampleClass.c1, SampleClass.c2);
22.      }
23.  }
```

图 4-30　常量的使用过程

程序运行结果如图 4-31 中代码所示。

```
X = 11, y = 22
c1 = 5, c2 = 10
```

图 4-31　常量使用过程的程序运行结果

4.2.4　属性的实战演练

在抽象类或接口中声明的属性叫作抽象属性。抽象属性只有声明部分，没有实现部分，通常用于定义一个属性的接口，并要求继承或实现的类提供属性的具体实现。抽象类包含抽象属性，抽象属性会在派生类中进行实现，如图 4-32 中代码所示。

```
1.   using System;
2.   namespace runoob
3.   {
4.       public abstract class Person
5.       {
6.           public abstract string Name
```

图 4-32　抽象属性的使用

```
7.      {
8.          get;
9.          set;
10.     }
11.     public abstract int Age
12.     {
13.         get;
14.         set;
15.     }
16.  }
17.  class Student : Person   //student 类继承自 Person 类
18.  {
19.     private string code = "N.A";
20.     private string name = "N.A";
21.     private int age = 0;
22.  // 声明类型为 string 的 Code 属性
23.     public string Code
24.     {
25.        get
26.        {
27.            return code;
28.        }
29.        set
30.        {
31.            code = value;
32.        }
33.     }
34.  // 声明类型为 string 的 Name 属性
35.     public override string Name
36.     {
37.        get
38.        {
39.            return name;
40.        }
41.        set
42.        {
43.            name = value;
44.        }
45.     }
46.  // 声明类型为 int 的 Age 属性
47.     public override int Age
48.     {
49.        get
50.        {
51.            return age;
```

图 4-32（续）

```
52.          }
53.      set
54.      {
55.        age = value;
56.      }
57.    }
58.    public override string ToString()
59.    {
60.      return "Code = " + Code +", Name = " + Name + ", Age = " + Age;
61.    }
62.  }
63.  class ExampleDemo
64.  {
65.    public static void Main()
66.    {
67.      // 创建一个新的 Student 对象
68.      Student s = new Student();
69.      // 设置 Student 的 Code、Name 和 Age
70.      s.Code = "001";
71.      s.Name = "Zara";
72.      s.Age = 9;
73.      Console.WriteLine("Student Info:- {0}", s);
74.      // 增加年龄
75.      s.Age += 1;
76.      Console.WriteLine("Student Info:- {0}", s);
77.      Console.ReadKey();
78.    }
79.  }
80.  }
```

图 4-32（续）

当上述代码被编译执行后，会产生如图 4-33 所示结果。

```
Student Info: Code = 001, Name = Zara, Age = 9
Student Info: Code = 001, Name = Zara, Age = 10
```

图 4-33 运行结果

为了提高代码运行的效率，可以进一步对图 4-32 中的代码进行简化，如图 4-34 中代码所示。

```
1.  using System;
2.  namespace Demo.cs
3.  {
4.    class Program
5.    {
```

图 4-34 简化后的代码

```
6.      public abstract class Person
7.      {
8.          public abstract string Name { get; set; }
9.          public abstract int Age { get; set; }
10.     }
11.     public class Student : Person
12.     {
13.         public string Code { get; set; } = "N.A";
14.         public override string Name { get; set; } = "N.A";
15.         public override int Age { get; set; } = 0;
16.         public override string ToString()
17.         {
18.             return $"Code: {Code}, Name:{Name}, Age:{Age}";
19.         }
20.     }
21.     static void Main(string[] args)
22.     {
23.         var s = new Student()
24.         {
25.             Code = "001",
26.             Name = "Zara",
27.             Age = 10
28.         };
29.         System.Console.WriteLine($"Student Info:={s}");
30.         s.Age++;
31.         System.Console.WriteLine($"Student Info:={s}");
32.     }
33.  }
34. }
```

图 4-34（续）

用户可自行运行上述简化版的代码，查看结果是否和图 4-33 中代码的运行结果相同。

4.3　方　　法

方法（Method）是一段用于执行特定任务的可重复使用的代码块。方法就是函数，把函数放到类中，就变成了方法。使用方法将代码组织成模块化的单元，可以提高代码的可读性、可维护性和可重用性。

4.3.1　方法的声明

方法的声明包括访问修饰符、返回值类型、方法名称、参数列表和方法体。如图 4-35

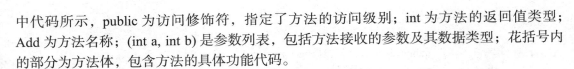

虚拟现实程序设计（C# 版）

中代码所示，public 为访问修饰符，指定了方法的访问级别；int 为方法的返回值类型；Add 为方法名称；(int a, int b) 是参数列表，包括方法接收的参数及其数据类型；花括号内的部分为方法体，包含方法的具体功能代码。

```
1.    public int Add(int a, int b)
2.    {
3.        return a + b;
4.    }
```

图 4-35　方法的声明

4.3.2　方法的调用

要使用方法，需要在代码中调用它。调用方法时，需要提供必要的参数；被调用的方法将执行其定义的操作，并返回相应的值（如果有返回值的话）。图 4-36 展示了一个简单的方法调用：调用带参数的 Add() 方法（图 4-35 中定义）后，将把返回值 8 赋值给 result 变量。

```
int result = Add(5, 3);
```

图 4-36　方法的调用

4.3.3　方法的返回值

方法可以具有返回值，也可以没有返回值。如果具有返回值，返回值的数据类型必须在方法的声明中指定，如图 4-37 中第 1 行代码所示，public 后面的 int 就是 Add() 方法的返回值类型。如果方法没有返回值，可以使用 void 关键字表明，如图 4-37 中第 6 行代码所示。

```
1.    public int Add(int a, int b)
2.    {
3.        return a + b;
4.    }
5.
6.    public void DisplayMessage(string message)
7.    {
8.        Console.WriteLine(message);
9.    }
```

图 4-37　方法的返回值表示

4.3.4　方法的参数类型

参数是方法用于接收输入数据的方式。方法可以接收零个或多个参数。方法的参数可以具有不同的类型以满足不同的需求。常见的方法参数类型包括值类型参数、引用类型参数、输出参数、可选参数和动态参数。

1. 值类型参数

值参数是参数的默认类型，声明时不带任何修饰符的形式参数（形参）就是值参数。该类型参数接收整型、浮点型、字符型等值类型的数据。值类型参数属于局部变量，它的初始化值来自调用方法时提供的实际参数（实参），方法内部对形参的改变不会影响方法外部的实参。如图 4-38 中代码第 7 行所示，在 Add() 方法声明中，小括号里面的形参就是值类型参数。第 20 行代码中通过调用 Add() 方法，将整型实参数据 x 和 y 的值分别传递给整型形参 a 和 b。第 7 行代码中的值类型参数 a 和 b 分别保存实参 x 和 y 传递过来的值，然后在第 10 行与第 11 行代码中分别对 a 和 b 重新赋值，最后在第 12 行代码中将 a 和 b 的值进行求和后赋值给整型变量 sum。

```
1.   using System;
2.
3.   namespace ValueType
4.   {
5.     class Program
6.     {
7.       public void Add(int a, int b)
8.       {
9.         int sum;
10.        a = a*2;
11.        b = b*b;
12.        sum = a + b;
13.        Console.WriteLine(sum);
14.      }
15.      static void Main(string[] args)
16.      {
17.        int x=5;
18.        int y=10;
19.        Program p=new Program();
20.        p.Add(x,y);
21.        Console.ReadLine();
22.      }
23.    }
24.  }
```

图 4-38　值类型参数的使用

在整个参数值传递过程中，实参 x 和 y 与形参 a 和 b 的存储单元不同，所以 a 和 b 的值的改变了，而 x 和 y 的值并没有改变，传递过程如图 4-39 所示。

运行程序，可看到运行结果如图 4-40 所示。

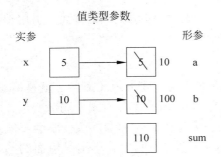

图 4-39　值类型参数传递过程示意图　　　　图 4-40　值类型参数传递程序运行结果

2. 引用类型参数

当值类型参数是引用数据类型时，形参复制的是实参的引用，即引用数据类型存储的是被引用对象的地址而不是值。引用类型参数包括类实例、数组和自定义引用类型。如图 4-41 中代码第 7 行所示，ModifyArray( ) 方法的参数为引用类型参数，该参数是一个一维的整型数组。第 9 行代码中给数组的第一个元素 arr[0] 赋值 100 的同时，也会改变调用 ModifyArray( ) 方法时传递给 arr 数组的对象参数值。

```
1.    using System;
2.
3.    namespace ReferenceType
4.    {
5.      class Program
6.      {
7.        static void ModifyArray(int[] arr)
8.        {
9.          arr[0] = 100;
10.         Console.writeline(" 方法内，数组 arr 的第一个元素是： " +arr[0]);
11.       }
12.       static void Main(string[] args)
13.       {
14.         int[] myArray={1,3,5,7};
15.         Console.WriteLine("Main( ) 方法内，数组 myArray 的第 1 个元素是： " +myArray[0]);
16.         Program.ModifyArray(myAarry);
17.         Console.WriteLine("Main( ) 方法内调用后，数组 myArray 的第 1 个元素是： " +myArray[0]);
18.       }
19.     }
20.   }
```

图 4-41　引用类型参数

在参数引用地址传递过程中，实参数组 myArray[] 和形参数组 arr[] 共用同一个存储单元。所以当给数组 arr[] 的第 1 个元素 arr[0] 赋值 100 后，实际上也修改了数组 myArray[] 的第 1 个元素 myArray[0] 的值，参数传递过程如图 4-42 所示。

运行程序，可看到运行结果如图 4-43 所示。

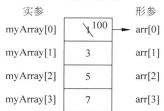

引用类型参数

实参		形参
myArray[0]	100	arr[0]
myArray[1]	3	arr[1]
myArray[2]	5	arr[2]
myArray[3]	7	arr[3]

图 4-42　引用类型参数传递过程示意图

```
Microsoft Visual Studio 调试控制台
main方法内，数组myArray的第1个元素是：1
方法内数组aar的第一个元素是：100
main方法内调用后，数组myArray的第1个元素是：100
```

图 4-43　引用类型参数传递程序运行结果

3. 输出参数

输出参数用于从方法中返回多个值，通常在方法声明时用 out 关键字标记，如图 4-44 中代码第 1 行所示，并且在方法内部必须为其分配一个值，如图 4-44 中代码第 3 行与第 4 行所示。

```
1.    public void Divide(int a, int b, out int quotient, out int remainder)
2.    {
3.        quotient = a / b;
4.        remainder = a % b;
5.    }
```

图 4-44　输出参数

调用方法时，输出参数前也必须加 out 关键字加以说明，如图 4-45 中代码第 2 行所示。

```
1.    int q, r;
2.    Divide(10, 3, out q, out r);
```

图 4-45　调用参数

4. 可选参数

可选参数是指调用方法时如果没有传入对应的实参值，则使用方法声明时指定默认值的参数。如果一个方法中同时有多个参数，可选参数必须在参数列表的末尾声明，如图 4-46 中代码第 1 行所示。

```
1.    public void PrintInfo(string name, int age = 25)
2.    {
3.        Console.WriteLine($"Name: {name}, Age: {age}");
4.    }
```

图 4-46　可选参数的声明

调用带有可选参数的方法时，可以不指定参数值，如图 4-47 中代码第 1 行所示，这时系统编译时 age 参数会采用默认值 25。也可以指定参数值，如图 4-47 中代码第 2 行所示，这时系统编译时 age 参数会采用用户自定义的参数值 30。

```
1.    PrintInfo("Alice");
2.    PrintInfo("Bob", 30);
```

图 4-47　可选参数的调用

方法参数列表中有多个可选参数时，第 1 个可选参数后的所有参数都必须是可选参数，否则编译时会报错。如图 4-48 代码第 1 行所示，第 2 个参数是可选参数，而后面还有一个非可选参数，这种参数声明方法在编译时是会出错的，解决的办法就是将可选参数放在参数列表最后声明，如图 4-48 第 3 行代码所示。

```
1.    public void PrintInfo1(string name, int age = 25, string id)    //错误示范
2.    {...}
3.    public void PrintInfo2(string name, string id, int age = 25)    //正确示范
4.    {...}
```

图 4-48   可选参数的声明位置

5. 动态参数

动态参数又被称为可变参数，是一种在程序运行时动态确定参数值的参数类型。动态参数允许向方法传递可变数量的参数，它们在方法内部作为数组处理。使用 params 关键字声明动态参数，如图 4-49 所示。该方法的作用是接收一个可变数量的整型参数，计算它们的总和，然后返回该总和。使用 params 关键字，用户可以在调用方法时传递不同数量的整数，而不需要手动创建整数数组，这种方法更灵活，适用于处理多个整数值的场景。

```
1.    public int Sum(params int[] numbers)
2.    {
3.        int sum = 0;
4.        foreach (int num in numbers)
5.        {
6.            sum += num;
7.        }
8.        return sum;
9.    }
```

图 4-49   动态参数的声明

调用动态参数时，根据用户需求，可以一次传递多个整数参数，如图 4-50 所示。

```
1.    int total1 = Sum(1, 2, 3, 4, 5);    //传递多个整数参数
2.    int total2 = Sum(10, 20);          //传递两个整数参数
```

图 4-50   动态参数的调用

4.3.5   方法的种类

根据属性和用途，方法主要可以分为实例方法、静态方法、构造函数、析构函数、重载方法、可选参数方法、参数数组方法和委托方法。

1. 实例方法

实例方法（Instance Methods）是通过对象的实例化调用的方法。要使其他方法能够访问该方法，需要将该方法用 public 修饰。它们可以访问类的实例字段和属性，通常用于执行与特定对象相关的操作，如图 4-51 所示。

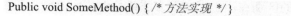

Public void SomeMethod() { /* 方法实现 */ }

图 4-51　实例方法的使用（1）

实例方法与特定类的实例相关联，需要通过创建类的对象来调用。图 4-52 中的代码演示了如何在 C# 中创建一个类的实例（对象）并使用该对象来调用实例方法。第 1 行代码创建了一个 MyClass 的实例 myObject，第 2 行代码通过调用该实例的 Add() 方法接收两个整数参数并返回一个整数结果。这种方式允许在类的对象上执行特定的操作，这些操作可以访问类的成员变量和方法，从而完成特定的任务。

```
1.    MyClass myObject = new MyClass();
2.    int result = myObject.Add(5, 3);
```

图 4-52　实例方法的使用（2）

2. 静态方法

当类的方法所引用或操作的信息是关于类而不是类的实例时，应被定义为静态方法（Static Methods），使用 static 关键字标识。静态方法可以直接通过类名调用，无须创建（new）类的实例，通常用于执行与类本身相关的操作，如图 4-53 中代码所示。这些静态的成员（字段、属性、方法）在程序启动的时候由 CLR 负责的，随着程序的启动自动初始化完成。

Public static void SomeStaticMethod() { /* 静态方法的声明 */ }

图 4-53　静态方法的声明

静态方法属于类而不是实例，可以通过类名直接调用，而不需要创建类的实例。如图 4-54 中代码第 1 行所示，public 是公共访问修饰符，static 表示该方法属于静态方法，可以直接通过类名调用，从而创建类的实例。第 3 行代码表示方法的实现部分，两个整数 x 和 y 相乘，并通过 return 关键字返回方法调用的结果。

```
1.    public static int Multiply(int x, int y)
2.    {
3.        return x * y;
4.    }
```

图 4-54　静态方法的调用

静态方法不能直接用未实例化的方法、字段和属性，因此，在调用前必须先对它们实例化，如图 4-55 中代码所示。

```
1.    public static int Mul(int x, int y)
2.    {
3.        //这里可以调用其他实例的实例方法、属性
4.        MyClass myClass = new MyClass();
5.        myClass.Name = " 李四 ";
6.        return a*b;
7.    }
```

图 4-55　静态方法的使用

静态方法与实例方法的区别在于：①实例方法或其他实例成员，在被调用时都需要实例化，在内存中开辟一段空间，使用完毕时，会被 GC（垃圾回收）回收掉，进而释放内存。程序就是在不断地创建对象和销毁对象。②静态方法或静态成员不受 GC 控制，只有在程序被关闭时，内存才会得到释放。静态的成员，必须慎重使用。对使用非常频繁、占用空间又不大的，可以适当使用。

3. 构造函数

构造函数（Constructors）是特殊类型的方法，用于创建和初始化类的实例。构造函数没有返回类型，且方法名与类名相同，通常用于分配内存、初始化字段和执行必要的设置，如图 4-56 中代码所示。

4. 析构函数

析构函数（Destructors）用于清理对象的资源和执行其他清理操作，通常在名称前加上波浪线标识，如图 4-57 中代码所示。析构函数与构造函数的作用正好相反，它用来完成对象被删除前的一些清理工作，也就是专门的扫尾工作。但 C# 通常不需要手动实现析构函数，因为垃圾回收器会负责对象的清理。

Public MyClass() { /* 构造函数实现 */ }　　　　　　~MyClass() { /* 析构函数实现 */ }

图 4-56　构造函数的使用　　　　　　　　　　图 4-57　析构函数的使用

5. 重载方法

重载方法（Method Overloading）是具有相同名称但不同参数列表的多个方法，用于在同一个类中提供多个方法，以处理不同类型的输入数据。这里要注意：方法的名称必须相同，参数列表必须不同，包括参数的数量、类型或参数的顺序。返回类型可以相同也可以不同，但返回类型通常不是方法重载的区分标志。图 4-58 中的代码就是一个简单的方法重载示例，其中定义了两个名称均为 Add() 的方法，但它们的参数列表不同，一个接收整数参数，另一个接收双精度浮点数参数，允许用户根据需要使用不同的数据类型来调用 Add() 方法。如第 1 行代码所示，Add() 方法声明其返回值为整数，声明中包含两个整数参数 a 和 b，从第 3 行代码则看出该方法的返回值是整数 a 和 b 的和。在第 5 行代码中，Add() 方法声明其返回值为浮点数，声明中包含两个浮点类型参数 a 和 b，从第 7 行代码中则看出该方法的返回值是浮点数 a 和 b 的和。

```
1.    public int Add(int a, int b)
2.    {
3.        return a + b;
4.    }
5.    public double Add(double a, double b)
6.    {
7.        return a + b;
8.    }
```

图 4-58　方法的重载

方法重载通常用于使用一个方法处理不同类型的输入数据，从而避免创建多个类似的方法。方法重载也常用于构造函数，允许不同数量或类型的参数来初始化对象。方法重载不仅可以根据参数的数据类型来区分，还可以根据参数的数量、顺序和可选参数等来区分。在调用重载方法时，编译器会根据提供的参数类型来确定应该调用哪个重载版本。图 4-59 中所示代码展示了如何根据不同的参数类型调用相同名称的方法重载。

```
1.    int result1 = Add(5, 3);          // 调用图 4-58 第一个 Add() 方法，返回整数
2.    double result2 = Add(2.5, 3.7);   // 调用图 4-58 第二个 Add() 方法，返回双精度浮点数
```

图 4-59   方法重载的示例

方法重载是一种允许在同一个类中定义多个具有相同名称但不同参数列表的方法。方法重载允许用户根据不同的输入参数类型执行不同的方法实现，可以提高代码的可读性和可重用性。

6. 可选参数方法

可选参数方法（Methods with Optional Parameters）是允许在方法调用时使用默认值代替省略的参数值的方法，可选参数必须在参数列表的末尾声明，如图 4-60 中代码所示（详细示例见图 4-46 中代码）。

```
Public void PrintInfo(string name, int age = 25) { /* 方法实现 */ }
```

图 4-60   可选参数方法的声明

7. 参数数组方法

参数数组方法（Methods with Parameter Arrays）使用 params 关键字来接收可变数量的参数，它们作为数组传递给方法，可以用于传递不同数量的参数，如图 4-61 中代码所示（详细示例见图 4-49 中代码）。

```
Public int Sum(params int[] numbers) { /* 方法实现 */ }
```

图 4-61   参数数组方法的声明

8. 委托方法

委托方法（Delegate Methods）是通过委托类型（delegate）定义的，允许将方法作为参数传递给其他方法或存储对方法的引用，用于实现回调和事件处理等模式，如图 4-62 中代码所示。

```
Public delegate void MyDelegate(string message);
```

图 4-62   委托方法的使用

4.3.6   方法的实战演练

方法是 C# 中的基本构建块之一，用于执行代码的特定任务。它们提供了封装和组织

虚拟现实程序设计（C# 版）

代码的能力，以便更好地管理和运行。用户可以通过调用方法名来实现调用方法的目的，如图 4-63 所示。

```
1.    using System;
2.    namespace CalculatorApplication
3.    {
4.      class NumberManipulator
5.      {
6.        public int FindMax(int num1, int num2)
7.        {
8.          /* 局部变量声明 */
9.          int result;
10.
11.         if (num1 &gt; num2)
12.           result = num1;
13.         else
14.           result = num2;
15.
16.         return result;
17.       }
18.       static void Main(string[] args)
19.       {
20.         /* 局部变量定义 */
21.         int a = 100;
22.         int b = 200;
23.         int ret;
24.         NumberManipulator n = new NumberManipulator();
25.         // 调用 FindMax() 方法
26.         ret = n.FindMax(a, b);
27.         Console.WriteLine(" 最大值是：{0}", ret );
28.         Console.ReadLine();
29.       }
30.     }
31.   }
```

图 4-63　在 Main() 方法中调用其他方法

当编译和执行图 4-63 所示代码时，会产生如图 4-64 所示结果。

最大值：200

图 4-64　在 Main() 方法中调用其他方法的结果

　　除了使用方法名来实现方法的调用，还可以使用类的实例从另一个类中调用其他类的公有方法实现。如图 4-65 中代码所示，FindMax() 方法属于 NumberManipulator 类，从另一个名称为 Test 的类中进行调用，编译运行后的结果仍然为 200。

```
1.   using System;
2.   namespace CalculatorApplication
3.   {
4.      class NumberManipulator
5.      {
6.         public int FindMax(int num1, int num2)
7.         {
8.            /* 局部变量声明 */
9.            int result;
10.
11.           if (num1 &gt; num2)
12.              result = num1;
13.           else
14.              result = num2;
15.
16.           return result;
17.        }
18.     }
19.     class Test
20.     {
21.        static void Main(string[] args)
22.        {
23.           /* 局部变量定义 */
24.           int a = 100;
25.           int b = 200;
26.           int ret;
27.           NumberManipulator n = new NumberManipulator( );
28.           // 调用 FindMax() 方法
29.           ret = n.FindMax(a, b);
30.           Console.WriteLine(" 最大值是：{0}", ret );
31.           Console.ReadLine( );
32.
33.        }
34.     }
35.  }
```

图 4-65　在一个类中调用其他类的方法

4.4 结　　构

4.4.1 结构概述

结构（Struct）是一种轻量级的数据类型，用于表示简单的值类型。与类（Class）不同，结构是值类型，它们在栈上分配内存，而不是在堆上分配内存，这意味着它们通常比类更高效，但也有一些限制。

（1）值类型：结构是值类型，意味着其实例存储数据本身，而不是引用。这有助于提高性能，因为不需要进行垃圾回收。

（2）栈分配：结构的实例通常分配在调用栈上，而不是堆上。这使得它们更高效，因为在栈上分配和释放内存的开销较小。但如果将结构分配给其他变量或将其包含在类中，它们可能会分配在堆上。

（3）不支持继承：结构不支持类似于类的继承，它们不能继承其他结构或类，也不能被其他类继承。结构通常用于表示简单的数据，而不是复杂的对象。

（4）支持方法和属性：结构可以像类一样，包含方法、属性、字段和构造函数等成员，这使得它们能够封装数据和定义行为。

（5）复制语义：当将一个结构赋值给另一个结构或将其传递给函数时，会进行结构的复制。这与类不同，类是引用类型，多个变量可以引用同一个对象。在某些情况下，结构的复制操作可能导致性能开销。

（6）通常用于小型数据：结构通常用于表示小型、不可变的数据，例如坐标、日期、颜色等。如果需要处理大型、复杂的对象，通常更适合使用类。

4.4.2　结构的使用

图 4-66 中的代码是一个简单的 C# 结构的示例。Point 是一个表示二维点（值类型）的坐标结构，当将 p1 赋值给 p2 时，发生了结构的复制。

```
1.    struct Point
2.    {
3.        public int X;
4.        public int Y;
5.        public Point(int x, int y)
6.        {
7.            X = x;
8.            Y = y;
9.        }
10.       public void Display()
11.       {
12.           Console.WriteLine($"X: {X}, Y: {Y}");
13.       }
14.   }
15.   class Program
16.   {
17.       static void Main()
18.       {
19.           Point p1 = new Point(10, 20);
20.           Point p2 = p1;          //进行结构的复制
21.           p1.Display();
22.           p2.Display();
23.       }
24.   }
```

图 4-66　C# 结构示例 1

图 4-67 所示代码展示了如何创建和使用 C# 中的结构。第 2~12 行代码定义了一个表示日期的结构 MyDate，包含 3 个整数字段：Day、Month 和 Year，分别用于表示日期的日、月、年。在第 19~27 行代码中，Program 类中的 Main( ) 方法中定义了两个名为 MyDate 的结构，结构具有一个构造函数，用于初始化日期。结构还包含一个名为 DisplayDate( ) 的方法，用于在控制台上显示日期。这个示例结构通常用于表示简单的数据结构，它们具有在堆上分配内存的较小开销，在某些情况下可以提高性能。

```
1.    using System;
2.    struct MyDate
3.    {
4.        public int Day;
5.        public int Month;
6.        public int Year;
7.        public MyDate(int day, int month, int year)
8.        {
9.            Day = day;
10.           Month = month;
11.           Year = year;
12.       }
13.       public void DisplayDate()
14.       {
15.           Console.WriteLine($"Date: {Month}/{Day}/{Year}");
16.       }
17.   }
18.
19.   class Program
20.   {
21.       static void Main()
22.       {
23.           MyDate date1 = new MyDate(15, 9, 2023);
24.           MyDate date2 = new MyDate(1, 1, 2000);
25.
26.           date1.DisplayDate();
27.           date2.DisplayDate();
28.       }
29.   }
```

图 4-67　C# 结构示例 2

4.4.3　结构的实战演练

可以使用 struct 语句为程序定义多个成员的数据类型。如图 4-68 中代码所示，使用 struct 语句定义了一个 book 结构，结构中定义了 4 个公共成员：Title、Author、Subject 和 BookId。它们分别代表书名、作者、分类和书的编号。在 Main( ) 方法中，第 17 行代码创建并初始化了一个 Book 结构体实例 book1，第 18~21 行代码分别为 book1 的成员赋值，第 23~26 行代码分别输出图书的对应信息。

```
1.    using System;
2.    namespace BookApplication
3.    {
4.        //定义一个结构体 Book
5.        struct Book
6.        {
7.            public string Title;
8.            public string Author;
9.            public string Subject;
10.           public int BookId;
11.       }
12.       class Program;
13.       {
14.           static void Main(string[] args)
15.           {
16.               //创建并初始化一个 Book 结构体实例
17.               Book book1;
18.               book1.Title = "C# Programming";
19.               book1.Author = "John Smith";
20.               book1.Subject = "Programming";
21.               book1.BookId = "123456";
22.               //输出图书信息
23.               Console.WriteLine(" 书名： " + book1.Title);
24.               Console.WriteLine(" 作者： " + book1.Author);
25.               Console.WriteLine(" 分类： " + book1.Subject);
26.               Console.WriteLine(" 书的编号： " + book1.BookId);
27.
28.               Console.ReadLine();
29.           }
30.       }
31.   }
```

图 4-68　结构实战代码

当上述代码被编译执行后，产生的结果如图 4-69 所示，说明结构体被成功地定义、初始化和访问了。

书名：C Programming
作者：John Smith
分类：Programming
书的编号：123456

图 4-69　C# 结构示例运行结果

C# 中的结构与类不同：类属于引用类型，而结构属于值类型；将结构赋值给新变量时，将复制所有数据，并且对新副本所做的任何修改不会更改原始副本的数据；结构不支持继承，只能实现接口；类的实例化需要使用 new 关键字，但是结构的实例化可以不使用 new 关键字；类可以显式地包含无参构造函数，结构只能定义带有参数的构造函数；类可以在定义中初始化实例字段，结构则不可以，除非在结构定义中，字段被声明为 const 或 static，否则无法初始化。可以重新编写上述程序，如图 4-70 中代码所示。

```csharp
1.    using System;
2.    using System.Text;
3.
4.    struct Books
5.    {
6.      private string title;
7.      private string author;
8.      private string subject;
9.      private int book_id;
10.     public void setValues(string t, string a, string s, int id)
11.     {
12.       title = t;
13.       author = a;
14.       subject = s;
15.       book_id =id;
16.     }
17.     public void display()
18.     {
19.       Console.WriteLine("Title : {0}", title);
20.       Console.WriteLine("Author : {0}", author);
21.       Console.WriteLine("Subject : {0}", subject);
22.       Console.WriteLine("Book_id :{0}", book_id);
23.     }
24.
25.   }
26.
27.   public class testStructure
28.   {
29.     public static void Main(string[] args)
30.     {
31.
32.       Books Book1 = new Books();  /* 声明 Book1，类型为 Books */
33.       Books Book2 = new Books();  /* 声明 Book2，类型为 Books */
34.
35.       /* Book1 详述 */
36.       Book1.setValues("C Programming",
37.       "Nuha Ali", "C Programming Tutorial",6495407);
38.
39.       /* Book2 详述 */
40.       Book2.setValues("Telecom Billing",
```

图 4-70　改写后的结构实战代码

```
41.        "Zara Ali", "Telecom Billing Tutorial", 6495700);
42.
43.        /* 打印 Book1 信息 */
44.        Book1.display();
45.
46.        /* 打印 Book2 信息 */
47.        Book2.display();
48.
49.        Console.ReadKey();
50.
51.      }
52.    }
```

图　4-70（续）

改写后的程序运行结果如图 4-71 中代码所示。用户可以对比两个程序运行结果，看看两个脚本有什么不同。

```
Title : C Programming
Author : Nuha Ali
Subject : C Programming Tutorial
Book_id : 6495407
Title : Telecom Billing
Author : Zara Ali
Subject : Telecom Billing Tutorial
Book_id : 6495700
```

图 4-71　改写后的结构实战代码运行结果

4.5　类

4.5.1　类的概念

类是一种重要的面向对象编程（OOP）概念，是指一类事物，用于定义对象的模板或蓝图。类是一个抽象概念，使用 class 关键字声明，描述一类对象的共同特征和行为，即属性和方法。例如，定义一个 Person 类，该类包含名字、年龄、地址等属性，以及吃饭、睡觉、工作等方法。

类在现实世界中并非真实存在的东西，当定义一个类时，只是定义了一种对象的数据类型。可以使用该类创建新的对象，每个对象都具有类所定义的属性和方法。在 C# 中，类的概念主要包含属性、方法、构造函数、静态成员、继承、封装、抽象类和接口。

1. 类的属性

类的属性是用于描述对象状态或特征的数据成员，通常具有公共（public）、私有

（private）、受保护（protected）等访问修饰符，以控制属性的可见性和访问级别。属性允许外部代码获取和设置对象的状态。如图 4-72 中代码所示，定义了一个名字为 Person 的公共类，类中包含一个字符串类型属性 Name 和整数类型的属性 Age，这两个属性都分别可以通过 get 和 set 访问器获取值和设置值。

```
1.    public class Person
2.    {
3.        public string Name { get; set; }
4.        public int Age { get; set; }
5.    }
```

图 4-72　属性的定义

2. 类的方法

类的方法是用于定义对象的行为或操作的函数成员。方法可以执行各种操作，包括计算、修改属性值、与其他对象交互等。如图 4-73 中代码所示，在 Calculator 公共类中定义了一个返回值为整数、名称为 Add() 的公共方法，该方法包括两个整型形式参数 a 和 b，调用该方法后会返回 a 与 b 的和。

```
1.    public class Calculator
2.    {
3.        public int Add(int a, int b)
4.        {
5.            return a + b;
6.        }
7.    }
```

图 4-73　方法的定义

3. 构造函数

构造函数是一种特殊的方法，用于在创建对象实例时进行初始化。每个类可以具有一个或多个构造函数，构造函数通常与类名相同，可以接收参数以初始化对象的属性。如图 4-74 中代码第 6 行所示，公共类 Person 中包含一个同名的构造函数 Person()，该构造函数可以接收一个字符串类型的参数和一个整型类型的参数，并且将新接收的值作为 Person 类中两个属性的初始值。

```
1.    public class Person
2.    {
3.        public string Name { get; set; }
4.        public int Age { get; set; }
5.        //构造函数
6.        public Person(string name, int age)
7.        {
8.            Name = name;
9.            Age = age;
10.       }
11.   }
```

图 4-74　类中的构造函数

4. 静态成员

类可以包含静态成员（Static Members），这些成员属于类而不是对象。静态成员可以在不创建对象实例的情况下访问，如图 4-75 中代码所示，公共类 MathUtility 中包含了一个返回整数值的公共静态成员 Add，返回值是 a 与 b 的和。

```
1.    public class MathUtility
2.    {
3.        public static int Add(int a, int b)
4.        {
5.            return a + b;
6.        }
7.    }
```

图 4-75　方法中的静态成员

5. 类的继承

C# 支持继承（Inheritance），允许一个类继承另一个类的属性和方法。用户可以通过继承创建新类，以复用现有类的功能，并在此基于上扩展或修改类的行为。如图 4-76 中代码所示，Student 是一个继承自 Person 类的新类，该类除了继承父类 Person 类中的 Name 属性和 Age 属性外，还扩展了一个字符串类型的公共属性 StudentId；该类中还包含了一个同名的构造函数 Student，该函数包含 name、age 和 studentId 三个属性，其中 name 属性值和 age 属性值继承自基类，studentId 属性值通过构造函数获得。

```
1.    public class Student : Person
2.    {
3.        public string StudentId { get; set; }
4.
5.        public Student(string name, int age, string studentId)
6.            : base(name, age)
7.        {
8.            StudentId = studentId;
9.        }
10.   }
```

图 4-76　C# 中继承的使用方法

6. 类的封装

封装（Encapsulation）是 OOP 的基本原则之一，是将数据（字段）和操作（方法）捆绑到一个单独的单元（类）中，以限制外部对内部数据的直接访问和修改，只能通过定义好的接口进行访问和操作，通常使用访问修饰符控制类成员的可见性来实现封装。私有字段与公共属性或方法的组合是一种常见的封装方式，它将类的内部状态和实现细节隐藏在类的内部，只提供公共接口来与对象交互，从而有助于维护对象的完整性和安全性。

7. 抽象类

抽象类（Abstract Class）是一种不能实例化的类，通常用于定义基类，可以包含抽象方法，要求派生类提供实现。图 4-77 中代码定义了一个抽象类 Shape，该类中包含了一个返回值为浮点类型的抽象方法 Area( )。

```
1.    public abstract class Shape
2.    {
3.        public abstract double Area();
4.    }
```

图 4-77　抽象类定义

8. 类的接口

接口（Interface）是一种合同，规定了实现接口的类必须提供的方法，类可以实现某些接口以提供特定的功能，一个类可以实现多个接口。图 4-78 所示代码定义了一个名为 Idrawable 的接口，要想实现该接口，必须提供 Draw( ) 方法。

```
1.    public interface Idrawable
2.    {
3.        void Draw();
4.    }
```

图 4-78　接口的定义

类是 C# 中面向对象编程的核心，它允许将数据和行为组织到可重用的结构中，从而使代码更清晰、可维护和可扩展。通过定义和实例化类，可以创建各种对象来模拟现实世界中的事物，以便在应用程序中进行操作和交互。图 4-79 中代码定义了一个名为 Person 的类，其中包含字段、属性、构造函数和方法。类的实例可以通过构造函数创建，然后可以访问其属性和方法。

```
1.    using System;
2.    class Person
3.    {
4.      // 字段
5.      private string name;
6.      private int age;
7.      // 属性
8.      public string Name
9.      {
10.         get { return name; }
11.         set { name = value; }
12.     }
13.     public int Age
14.     {
15.         get { return age; }
16.         set
17.         {
```

图 4-79　类的定义和实例化

虚拟现实程序设计（C# 版）

```
18.          if (value >= 0)
19.              age = value;
20.          else
21.              throw new ArgumentException("Age cannot be negative.");
22.      }
23.  }
24.  // 构造函数
25.  public Person(string name, int age)
26.  {
27.      Name = name;
28.      Age = age;
29.  }
30.  // 方法
31.  public void SayHello()
32.  {
33.      Console.WriteLine($"Hello, my name is {Name} and I am {Age} years old.");
34.  }
35. }
36. class Program
37. {
38.  static void Main()
39.  {
40.      // 创建 Person 对象
41.      Person person = new Person("John", 30);
42.      // 调用方法和访问属性
43.      person.SayHello();
44.      Console.WriteLine($"Age: {person.Age}");
45.  }
46. }
```

图 4-79（续）

运行图 4-79 中的代码，程序运行结果如图 4-80 所示。

> **Microsoft Visual Studio 调试控制台**
> Hello,my name is John and I am 30 years old.
> Age:30

图 4-80　类的定义和实例化实例的运行结果

4.5.2　类的声明

类的声明通常包括类的可见性修饰符、修饰符、类名、基类名、接口和类体，类体包含类的成员（字段、属性、方法等）。C# 中声明类的语法格式如图 4-81 所示。

（1）可见性修饰符（Visibility Modifiers）：C# 提供了几种可见性修饰符，用于指定类的访问权限，包括 public、private、protected、internal 等。

86

```
1.    [ 可见性修饰符 ] [ 修饰符 ] class 类名 [: 基类名 , 接口 1, 接口 2, ...]
2.    {
3.      // 类的成员
4.      [ 可见性修饰符 ] [ 修饰符 ] 数据类型 成员名 ;
5.      [ 可见性修饰符 ] [ 修饰符 ] 数据类型 属性名 { get; set; }
6.      [ 可见性修饰符 ] [ 修饰符 ] 返回类型 方法名 ( 参数列表 )
7.      {
8.        // 方法体
9.      }
10.     // 其他成员……
11.   }
```

图 4-81　类的声明格式

（2）修饰符（Modifiers）：修饰符用于修改类的特性，包括 static、abstract、sealed、partial 等。

（3）基类名（Base Class Name）：如果类继承自另一个类，可以在冒号后面指定基类的名称。C# 支持单继承，一个类只能直接继承一个基类。

（4）接口：如果类实现一个或多个接口，则可以在冒号后面列出接口的名称。一个类可以实现多个接口，接口之间用逗号分隔。

（5）类体：即类的方法体，放在一对大括号内，可以包含类的字段、属性、方法等成员。

图 4-82 中的代码是一个简单的类声明示例，定义了一个名为 Person 的类，包含 3 个字段（name、age、address）、1 个构造函数（用于初始化对象的属性）和 3 个方法（Eat()、Sleep()、Work()）。

```
1.    public class Person
2.    {
3.      // 类的字段
4.      private string name;
5.      private int age;
6.      private string address;
7.      // 类的构造函数
8.      public Person(string name, int age, string address)
9.      {
10.       this.name=name;
11.       this.age=age;
12.       this.address=address;
13.     }
14.     // 类的方法
15.     public void Eat()
16.     {
17.       Console.WriteLine(name+"is eating.");
18.     }
```

图 4-82　类的声明格式示例

```
19.        public void Sleep()
20.        {
21.            Console.WriteLine(name+"is sleeping.");
22.        }
23.        public void Work()
24.        {
25.            Console.WriteLine(name+"is working.");
26.        }
27.    }
```

图 4-82（续）

4.5.3 常见的关键字

C# 包含多个关键字，每个关键字都有特定的作用和用途。常见的关键字包括 static、base 和 new。

1. static 关键字

static 关键字用于静态成员，这些成员与类关联而不是与类的实例关联。static 的主要作用是使成员可以在不创建类实例的情况下进行访问，并且在整个应用程序生命周期内只有一个实例。static 关键字主要用于修饰静态方法、静态字段、静态属性、静态构造函数和静态类。

（1）静态方法（Static Methods）：静态方法是类级别的方法，可以通过类名直接调用，而不需要创建类的实例。它们通常用于执行与类相关的操作，而不涉及特定实例的状态。

（2）静态字段（Static Fields）：静态字段是与类关联的字段，而不是与类的实例关联。所有类的实例共享相同的静态字段，这对于在多个对象之间共享数据非常有用。

图 4-83 中所示代码是静态字段和静态方法的示例。这段代码的主要目的是创建一个简单的员工信息跟踪系统，允许用户输入员工信息，同时跟踪员工数量。它使用了类和静态成员的基本概念，以便创建和管理员工对象。第 1 行代码定义了一个名为 Employee4 的类，该类具有 2 个公共字符串字段和 2 个构造函数成员：公共字符串字段 id 和 name，分别用于存储员工的 ID 和姓名信息。第 5 行代码定义了 1 个无参数构造函数，用于初始化 Employee4 类的实例。第 8 行代码定义了 1 个带参数的构造函数，通过接收员工姓名和 ID 值用于创建 Employee4 实例时进行初始化。第 13 行代码是一个公共静态整数字段 employeeCounter，主要用于记录增加员工的数量。静态字段 employeeCounter 只属于整个类，而不是类的每一个实例。第 14 行代码定义了 1 个静态方法 AddEmployee()，用于记录增加员工的数量，它会递增 employeeCounter 字段的值。第 20 行代码定义了一个名为 MainClass 的派生类，该类继承自 Employee4 类。在 Main() 方法中，第 24~27 行代码提示用户输入员工的姓名和 ID，并将用户输入的值分别赋值给公共字段 name 和 id。第 30 行代码创建一个新的 Employee4 对象，并使用用户刚录入的新用户姓名和 ID 进行初始化。第 31~33 行代码提示用户输入当前的员工数量，并将其解析为整数。第 34 行代码调用 Employee4.AddEmployee() 方法，将员工数量递增 1。第 37~39 行代码输出显示员工的

姓名、ID 和更新后的员工数量。第 44~46 行是程序运行时的输入信息，第 49~54 行是程序运行时的输出信息。

```
1.    public class Employee4
2.    {
3.        public string id;
4.        public string name;
5.        public Employee4()
6.        {
7.        }
8.        public Employee4(string name, string id)
9.        {
10.           this.name = name;
11.           this.id = id;
12.        }
13.       public static int employeeCounter;
14.       public static int AddEmployee()
15.       {
16.           return ++employeeCounter;
17.       }
18.    }
19.
20.    class MainClass : Employee4
21.    {
22.       static void Main()
23.       {
24.          Console.Write("Enter the employee's name:");
25.          string name = Console.ReadLine();
26.          Console.Write("Enter the employee's ID:");
27.          string id = Console.ReadLine();
28.
29.          // 创建和配置 employee 对象
30.          Employee4 e = new Employee4(name, id);
31.          Console.Write("Enter the current number of employees:");
32.          string n = Console.ReadLine();
33.          Employee4.employeeCounter = Int32.Parse(n);
34.          Employee4.AddEmployee();
35.
36.          // 显示新信息
37.          Console.WriteLine($"Name: {e.name}");
38.          Console.WriteLine($"ID:   {e.id}");
39.          Console.WriteLine($"New Number of Employees: {Employee4.employeeCounter}");
40.       }
41.    }
42.    /*
```

图 4-83 静态字段和方法

43. Input:
44. Matthias Berndt
45. AF643G
46. 15
47. *
48. Sample Output:
49. Enter the employee's name: Matthias Berndt
50. Enter the employee's ID: AF643G
51. Enter the current number of employees: 15
52. Name: Matthias Berndt
53. ID: AF643G
54. New Number of Employees: 16
55. */

图　4-83（续）

（3）静态属性（Static Properties）：静态属性允许用户提供对类级别数据的访问控制，也可以执行自定义的逻辑来获取或设置该数据。

（4）静态构造函数（Static Constructors）：静态构造函数是在类第一次被使用时执行的特殊构造函数，用于进行一次性初始化工作，通常在访问静态成员之前执行。

（5）静态类（Static Classes）：静态类是一种特殊类型的类，其中所有成员都必须是静态的，通常用于定义实用方法或工具类，无须创建实例即可使用其中的成员。

static 关键字在 C# 中用于创建与类相关而不依赖于对象实例的成员和方法，这对于实现全局数据共享、实用方法的提供以及避免不必要的实例化非常有用。

2. base 关键字

base 关键字用于表示基类（父类）成员或构造函数，通常在派生类中使用，以访问或调用基类的成员或构造函数。使用 base 关键字表示基类的构造函数时，派生类的构造函数可以使用 base 关键字来调用基类的构造函数，以确保基类的初始化逻辑被执行。使用 base 关键字表示基类成员数据时，在派生类中，用户可以使用 base 关键字访问基类的成员，特别是当派生类和基类拥有相同名称的成员时，这样的访问方式可以避免歧义。

通过使用 base 关键字，可以在派生类中有效地扩展和重用基类的行为，有助于创建更具层次结构和继承关系的代码，同时确保在派生类中正确处理基类的构造函数和成员。

3. new 关键字

new 关键字有多种用法和含义，具体取决于上下文。new 关键字的主要用法如下。

（1）新实例化对象：最常见的用法是使用 new 关键字创建类的新实例，在派生类操作中，用于创建类的对象。

（2）隐藏功能：可以使用 new 关键字隐藏基类的成员，这允许派生类定义与基类同名的成员，但不会覆盖基类成员，而是隐藏它。这通常用于静态成员或成员方法。

（3）隐藏警告：某些情况下，可能需要使用 new 关键字来隐藏编译器生成的警告，例如，如果派生类实现了一个接口的成员，并且该成员与基类的成员有相同的名称。虽然这不是推荐的做法，但有时可能是必要的。

在图 4-84 所示代码中，隐藏类 MyClass 中具有相同名称的类，但是使用 new 关键字限定访问隐藏类成员，同时还使用 new 修饰符消除警告消息。

```
1.    using System;
2.
3.    public class MyBaseClass
4.    {
5.       public class MyClass
6.       {
7.          public int x = 200;
8.          public int y;
9.       }
10.   }
11.
12.   public class MyDerivedClass : MyBaseClass
13.   {
14.      new public class MyClass                           //嵌套类隐藏基类的同名类
15.      {
16.         public int x = 100;
17.         public int y;
18.         public int z;
19.      }
20.
21.      public static void Main()
22.      {
23.         //创建派生类的嵌套类对象
24.         MyClass derivedClassObject = new MyClass();
25.
26.         //创建基类的嵌套类对象，使用完全限定名
27.         MyBaseClass.MyClass baseClassObject = new MyBaseClass.MyClass();
28.
29.         Console.WriteLine("Derived Class – x: " + derivedClassObject.x);   //输出派生类中的 x
30.         Console.WriteLine("Base Class – x: " + baseClassObject.x);         //输出基类中的 x
31.      }
32.   }
```

图 4-84 new 关键字实例

4.5.4 嵌套类

C# 中的嵌套类是在类、构造或者接口中定义的嵌套类型。嵌套类的访问修饰符可以是 public、protected、internal、protected internal、private 或 private protected。脚本中嵌套类型默认为 private。

图 4-85 中所示代码定义了一个名为 Container 的公共类（public class），这个类内部包含了另一个名为 Nested 的公共嵌套类（nested class）。

```
1.    public class Container
2.    {
3.        public class Nested
4.        {
5.            Nested() { }
6.        }
7.    }
```

图 4-85   公共嵌套类

图 4-86 中所示代码定义了一个名为 Container 的公共类，该类包含了一个名为 Nested 的公共嵌套类。Nested 类中有一些额外的成员变量和构造函数，这种代码设计允许 Nested 对象在创建时关联到外部的 Container 对象，同时还保留了一个可以访问 Container 对象的引用，这对于需要在内部类中访问外部类的成员变量或方法的情况很有用。要访问外部类的成员，可以使用 parent 引用，例如 parent.someMethod( )。

```
1.    public class Container
2.    {
3.        public class Nested
4.        {
5.            private Container parent;
6.
7.            public Nested()
8.            {
9.            }
10.           public Nested(Container parent)
11.           {
12.               this.parent = parent;
13.           }
14.       }
15.   }
```

图 4-86   嵌套类型的使用

4.5.5　类的实战演练

类的声明是以关键字 class 开始的，class 后面紧跟类的名称。访问修饰符指定了对类及其成员的访问规则，如果没有指定，则使用默认的访问修饰符。类的默认访问修饰符是 internal，成员的默认访问修饰符是 private。数据类型指定了变量的类型，返回类型指定了方法返回的数据类型。如果要访问类的成员，使用点运算符（.），使用方法如图 4-87 中代码所示。

运行结果如图 4-88 所示。

```
1.    using System;
2.    namespace BoxApplication
3.    {
4.       class Box
5.       {
6.          public double length;          // 长度
7.          public double breadth;         // 宽度
8.          public double height;          // 高度
9.       }
10.      class Boxtester
11.      {
12.         static void Main(string[] args)
13.         {
14.            Box Box1 = new Box();       // 声明 Box1, 类型为 Box
15.            Box Box2 = new Box();       // 声明 Box2, 类型为 Box
16.            double volume = 0.0;        // 体积
17.
18.            // Box1 详述
19.            Box1.height = 5.0;
20.            Box1.length = 6.0;
21.            Box1.breadth = 7.0;
22.
23.            // Box2 详述
24.            Box2.height = 10.0;
25.            Box2.length = 12.0;
26.            Box2.breadth = 13.0;
27.
28.            // Box1 的体积
29.            volume = Box1.height * Box1.length * Box1.breadth;
30.            Console.WriteLine("Box1 的体积: {0}", volume);
31.
32.            // Box2 的体积
33.            volume = Box2.height * Box2.length * Box2.breadth;
34.            Console.WriteLine("Box2 的体积: {0}", volume);
35.            Console.ReadKey();
36.         }
37.      }
38.   }
```

图 4-87 类的实战演示

Box1 的体积: 210
Box2 的体积: 1560

图 4-88 类的实战演示运行结果

类的成员函数是一个在类定义中有它的定义或者原型的函数，就像其他变量一样。作为类的一个成员，它能在类的任何对象上操作，且能访问该对象的类的所有成员。可以使用成员函数以及封装来设置和获取一个类中不同类成员中的值，对图 4-87 中所示代码进行修改，得到图 4-89 中所示代码，用户可以看看两者最终的运行结果是否一致。

```csharp
1.   using System;
2.   namespace BoxApplication
3.   {
4.      class Box
5.      {
6.         private double length;          //长度
7.         private double breadth;         //宽度
8.         private double height;          //高度
9.         public void setLength( double len )
10.        {
11.           length = len;
12.        }
13.
14.        public void setBreadth( double bre )
15.        {
16.           breadth = bre;
17.        }
18.
19.        public void setHeight( double hei )
20.        {
21.           height = hei;
22.        }
23.        public double getVolume()
24.        {
25.           return length * breadth * height;
26.        }
27.     }
28.     class Boxtester
29.     {
30.        static void Main(string[] args)
31.        {
32.           Box Box1 = new Box();        //声明 Box1，类型为 Box
33.           Box Box2 = new Box();        //声明 Box2，类型为 Box
34.           double volume;               //体积
35.
36.
37.           //Box1 详述
38.           Box1.setLength(6.0);
39.           Box1.setBreadth(7.0);
40.           Box1.setHeight(5.0);
```

图 4-89　修改后的代码

```
41.
42.        // Box2 详述
43.        Box2.setLength(12.0);
44.        Box2.setBreadth(13.0);
45.        Box2.setHeight(10.0);
46.
47.        // Box1 的体积
48.        volume = Box1.getVolume();
49.        Console.WriteLine("Box1 的体积: {0}",volume);
50.
51.        // Box2 的体积
52.        volume = Box2.getVolume();
53.        Console.WriteLine("Box2 的体积: {0}", volume);
54.
55.        Console.ReadKey();
56.      }
57.    }
58.  }
```

图 4-89（续）

4.6 对 象

4.6.1 对象的概念

对象（Object）是面向对象编程的核心概念之一。对象是根据类创建出来的一个个独立且具体的实例，每个对象都具有自己的属性（数据）和方法（行为）。一个类可以创建出多个对象，用户通过对象唯一的地址值区分不同的对象。C# 中面向对象的概念主要包含属性、方法、状态、行为、标识、封装性、继承性、多态性和实例化。

1. 对象的属性

对象的属性是描述对象特征的数据，通常用于存储对象的状态。例如，对于 Car 类，属性可以包括颜色、品牌、型号等。

2. 对象的方法

方法定义了对象能够执行的操作或行为。例如，在 Car 类中，可以通过定义 Start()、Stop() 等方法来控制每个汽车对象的启动和停止行为。

3. 对象的状态

对象的状态（State）是由其属性值决定的。每个对象可以有不同的属性值，从而具有不同的状态。

4. 对象的行为

对象的行为（Behavior）是由其方法的实现决定的。方法定义了对象可以执行的操作。

5. 对象的标识

每个对象都有一个唯一标识（Identity），它允许程序在内存中区分不同的对象。C# 使用引用来跟踪对象的标识。

6. 对象的封装性

封装性（Encapsulation）是一种面向对象编程的概念，指的是将对象的内部状态（数据成员）和实现细节隐藏在类的内部，只提供清晰的公共接口来与对象交互，防止外部代码直接访问对象的内部状态，从而更易于维护对象的完整性和安全性。

7. 对象的继承性

继承是一种机制，就是子类继承父类的特征和行为，使得子类对象（实例）具有父类的属性和方法，或子类从父类继承方法，使得子类具有父类相同的行为。子类继承父类，父类派生子类。子类又叫派生类，父类又叫基类（超类）。可以使用关键字 base 来创建一个派生类，从而继承父类的成员（字段、属性和方法），也可以添加自己的成员或修改继承的成员。

继承的条件是继承要符合 is a（an）的关系，例如，Cat（子类对象）is an Animal（父类）。继承的方式如下所示。

```
class 子类对象 : 父类
{
}
```

8. 对象的多态性

多态性（Polymorphism）是面向对象编程的关键概念之一。多态性允许使用基类和派生类、虚方法、重写方法、接口等来实现，使不同类的对象对相同的消息（方法）做出不同的响应（实现）。①基类和派生类。多态性的基础是使用继承创建基类和派生类。基类通常包含通用属性和方法，而派生类可以继承这些成员并添加自己特有的成员。多态性允许用户使用基类来引用派生类的对象，并根据实际的派生类类型来调用方法或访问属性。②虚方法（Virtual Methods）。在基类中，用户可以使用关键字 virtual 声明方法，使其可以在派生类中被重写。这允许派生类提供其自己的实现，覆盖基类中的方法。③重写方法（Override）。派生类可以使用关键字 override 重写基类中的虚方法，提供自己的实现。④多态性的应用。通过将派生类的对象分配给基类引用变量，实现多态性。这意味着，根据实际的对象类型，调用相同的方法将产生不同的结果。⑤抽象类和接口。抽象类和接口提供了更高级别的多态性，它们定义了方法的契约，派生类必须实现这些方法。抽象类可以包含实现了的方法，而接口只能定义方法契约。多态性有助于实现灵活的、可扩展的代码，降低耦合性，提高代码的可维护性和可重用性。

9. 对象的实例化

实例化（Instantiation）是通过调用类的构造函数创建对象的过程。在 C# 中，通常使用 new 关键字来实例化对象。例如，创建一个 Person 类表示人，并为每个人创建不同的

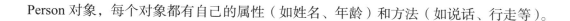

Person 对象，每个对象都有自己的属性（如姓名、年龄）和方法（如说话、行走等）。

4.6.2 对象的创建和使用

对象是类的实例，类是用于定义对象的模板。

1. 定义类

在 C# 中要创建和使用对象，首先需要定义一个类，该类描述了对象的属性和方法。图 4-90 是一个简单的类定义示例。

```
1.    public class Person
2.    {
3.        public string Name { get; set; }
4.        public int Age { get; set; }
5.
6.        public void SayHello()
7.        {
8.            Console.WriteLine($"Hello, my name is {Name} and I am {Age} years old.");
9.        }
10.   }
```

图 4-90　类的定义

2. 创建对象并初始化

定义类后就可以创建该类的对象。创建对象时，使用关键字 new 后跟类的构造函数。创建对象后就可以给对象初始化，也可以在创建对象的同时给对象初始化，如图 4-91 中代码所示。

```
1.    Person person1 = new Person();
2.     person1.Name = "Alice";
3.     person1.Age = 30;
4.    Person person2 = new Person("Mark",31);
```

图 4-91　创建对象并初始化

还可以在创建对象时通过构造函数进行初始化，如图 4-92 中代码所示。

```
1.    Person person2 = new Person()
2.    {
3.        Name = "Bob";
4.        Age = 25;
5.    };
```

图 4-92　使用构造函数初始化对象

3. 对象的使用

一旦创建了对象，可以使用它的属性和方法。如图 4-93 中代码，可以访问对象的属性并调用对象的方法。

```
1.  Console.WriteLine($"Name: {person1.Name}, Age: {person1.Age}");
2.  person1.SayHello();
```

图 4-93　访问对象并调用对象

图 4-94 所示代码就是在 C# 中创建和使用对象的一个完整示例：先定义一个名为 Person 的类，然后创建两个 Person 类的对象并使用它们的属性和方法。

```
1.  using System;
2.
3.  public class Person
4.  {
5.      public string Name { get; set; }
6.      public int Age { get; set; }
7.
8.      public void SayHello()
9.      {
10.         Console.WriteLine($"Hello, my name is {Name} and I am {Age} years old.");
11.     }
12. }
13.
14. class Program
15. {
16.     static void Main()
17.     {
18.         Person person1 = new Person();
19.         person1.Name = "Alice";
20.         person1.Age = 30;
21.
22.         Person person2 = new Person
23.         {
24.             Name = "Bob";
25.             Age = 25;
26.         };
27.         Console.WriteLine($"Name: {person1.Name}, Age: {person1.Age}");
28.         person1.SayHello();
29.
30.         Console.WriteLine($"Name: {person2.Name}, Age: {person2.Age}");
31.         person2.SayHello();
32.     }
33. }
```

图 4-94　创建对象完整实例

虚拟现实程序设计（C# 版）

4.6.3　this 关键字

　　this 关键字用于引用当前类的实例对象，可以在类的方法、构造函数和属性中使用，以明确正在操作的当前对象实例。下面介绍 this 关键字的常用用法。

1. 引用实例变量和属性

　　在类的方法中，如果有一个局部变量与一个实例变量或属性具有相同的名称，就可以使用 this 关键字来引用实例变量或属性，以区分二者，如图 4-95 所示。

```
1.    public class MyClass
2.    {
3.        private int myField;
4.
5.        public void SetField(int value)
6.        {
7.            this.myField = value;        // 使用 this 关键字引用实例变量
8.        }
9.    }
```

图 4-95　使用关键字 this 引用变量

2. 在构造函数中调用其他构造函数

　　在一个类的多个构造函数之间，可以使用 this 关键字来调用其他构造函数，这被称为构造函数重载，如图 4-96 所示。

```
1.    public class MyClass
2.    {
3.        private int myField;
4.
5.        public MyClass()
6.        {
7.            // 默认构造函数
8.        }
9.        public MyClass(int value) : this()        // 调用默认构造函数
10.       {
11.           this.myField = value;
12.       }
13.   }
```

图 4-96　使用关键字 this 调用其他构造函数

3. 传递当前对象给其他方法或对象

　　this 关键字可用于引用当前类的实例，以便在类的方法中访问实例变量、属性，调用其他构造函数，或将当前对象传递给其他方法或对象，如图 4-97 中代码所示。

```
1.    public class MyClass
2.    {
3.        public void DoSomething()
4.        {
5.            SomeOtherClass.Process(this);      //将当前对象传递给另一个方法
6.        }
7.    }
```

图 4-97　使用 this 关键字将当前对象传递给其他方法

4.6.4　构造函数与析构函数

1. 构造函数

构造函数是 C# 和许多面向对象编程语言中的重要概念之一，是一种创建和初始化对象的特殊方法，也称为构造方法。构造函数在对象创建时会被自动调用，确保对象在创建时处于正确的状态，允许用户执行各种初始化操作，如分配内存、设置默认值和初始化对象的各个成员变量。适当地定义和使用构造方法，可以提高代码的可维护性和可读性。

（1）构造函数名称：构造函数的名称必须与类的名称相同，区分大小写，这是 C# 语言的规定，以便编译器能够识别并调用正确的构造函数。

（2）无返回值：构造函数不包含返回类型，甚至不包含 void，因为使用构造函数的目的是对象的初始化，包括为属性分配初始值、打开文件、建立数据库连接等，不需要返回值。

（3）多个构造函数：可以在一个类中定义多个构造函数，只要它们具有不同的参数列表，这称为构造函数的重载。重载的构造方法允许程序根据不同的参数提供不同的初始化行为。

（4）默认构造函数：如果没有显式定义任何构造函数，C# 就会自动生成一个默认的构造函数。默认的构造函数不带参数，通常不包含任何代码，只执行最基本的初始化操作，如将字段设置为默认值。

（5）参数化构造函数：用户可以定义带参数的构造函数，便于在对象创建时传递初始值。带参数的构造函数可以执行更复杂的初始化操作，例如为对象的属性分配初始值。

（6）基类构造方法：如果一个类派生自另一个类（继承关系），可以在构造方法中使用 base 关键字来调用基类的构造方法，以确保正确地初始化基类部分。

（7）实例化对象：构造方法在对象创建时自动调用，通常使用 new 关键字来完成，例如 MyClass obj = new MyClass();。

不同的构造函数允许用户以不同的方式初始化对象，以适应不同的使用场景。如图 4-98 中代码所示，其中定义了一个 Person 类，类的下面定义了一个构造函数主要用于初始化对象 Age 和 Name 属性。

2. 析构函数

析构函数是一种特殊的方法，用于在对象被销毁之前执行清理操作。析构函数的名称与类名称相同，但前面加上一个波浪线（~），如图 4-99 中代码所示。当对象被销毁时，

```
1.  class Person
2.  {
3.     public string Name;
4.     public int Age;
5.     // 构造函数
6.     public Person(string name, int age)
7.     {
8.       Name = name;
9.       Age = age;
10.    }
11. }
```

图 4-98　构造函数示例

即对象不再被引用或程序退出时，会自动调用析构函数。值得注意的是，析构函数没有参数，不能被显式调用，并且每个类只能有一个析构函数。

```
1.  class Connection
2.  {
3.     // 构造函数
4.     public Connection()
5.     {
6.       // 做一些资源分配和连接的操作
7.       Console.WriteLine("Connection opened.");
8.     }
9.
10.    // 析构函数
11.    ~Connection()
12.    {
13.      // 做一些资源释放和断开连接的操作
14.      Console.WriteLine("Connection closed.");
15.    }
16. }
```

图 4-99　析构函数示例

析构函数中可以执行任何所需的清理操作，例如关闭打开的文件、释放分配的内存等。C# 具有垃圾回收机制，垃圾回收器会自动回收不再使用的对象和内存，因此，多数情况下不需要手动释放内存。图 4-99 所示代码定义了一个名为 Connection 的类，其中包含一个构造函数和一个析构函数。这段代码的目的是在创建 Connection 对象时执行一些初始化工作，例如建立与数据库的连接，而在对象不再需要时，提供关闭连接和释放资源的功能，以避免资源泄漏。构造函数 public Connection() 在对象创建时被调用，它负责执行一些资源分配和连接操作，如第 7 行代码所示，会输出一条消息 Connection opened。析构函数 ~Connection() 在对象被销毁时自动调用，它负责执行一些资源释放和断开连接操作。如第 14 行代码所示，会输出一条消息 Connection closed。需要注意，析构函数没有参数，程序员无法直接调用它，它会在对象不再被引用或程序退出时自动调用。

3. 构造函数实战演练

构造函数通常用来完成对象的初始化工作，例如设置对象的初始状态、分配内存、初始化成员变量等。如图 4-100 中代码所示，第 7 行代码定义了一个不带参数的构造函数，可以在实例化对象后给对象赋初值（第 25 行代码）。

```
1.    using System;
2.    namespace LineApplication
3.    {
4.      class Line
5.      {
6.        private double length;              //线条的长度
7.        public Line()                       //不带参数的构造函数
8.        {
9.          Console.WriteLine(" 对象已创建 ");
10.       }
11.
12.       public void setLength( double len )
13.       {
14.         length = len;
15.       }
16.       public double getLength()
17.       {
18.         return length;
19.       }
20.
21.       static void Main(string[] args)
22.       {
23.         Line line = new Line();           //实例化对象
24.         //设置线条长度
25.         line.setLength(6.0);              //通过构造函数实现对象的初始化
26.         Console.WriteLine(" 线条的长度：{0}", line.getLength());  //对象的调用
27.         Console.ReadKey();
28.       }
29.     }
30.   }
```

图 4-100　不带参数的构造函数实战代码

运行图 4-100 中代码后的结果如图 4-101 所示。

```
对象已创建
线条的长度：6
```

图 4-101　不带参数的构造函数实战代码的运行结果

用户也可以在构造函数中自定义参数。如图 4-102 中代码所示，第 7 行定义了一个带参数的构造函数，可以在实例化对象的同时给对象赋初值（第 24 行代码）。

```
1.    using System;
2.    namespace LineApplication
3.    {
4.      class Line
5.      {
6.        private double length;                                    //线条的长度
7.        public Line(double len)                                   //带参数的构造函数
8.        {
9.          Console.WriteLine(" 对象已创建，length = {0}", len);
10.         length = len;
11.       }
12.
13.       public void setLength( double len )
14.       {
15.         length = len;
16.       }
17.       public double getLength()
18.       {
19.         return length;
20.       }
21.
22.       static void Main(string[] args)
23.       {
24.         Line line = new Line(10.0);                             //实例化对象的同时初始化
25.         Console.WriteLine(" 线条的长度：{0}", line.getLength()); //对象的调用
26.         //设置线条长度
27.         line.setLength(6.0);                                    //通过构造函数实现对象的初始化
28.         Console.WriteLine(" 线条的长度：{0}", line.getLength()); //对象的调用
29.         Console.ReadKey();
30.       }
31.     }
32.   }
```

图 4-102　带参数的构造函数实战代码

运行图 4-102 中代码后的结果如图 4-103 所示。

```
对象已创建，length = 10
线条的长度：10
线条的长度：6
```

图 4-103　带参数的构造函数实战代码的运行结果

4.6.5　对象的封装

封装是面向对象的三大特征之一。封装的目的是使对象能够合理地隐藏与暴露。一般

会使用 private 把成员变量隐藏起来，而通过 getter( ) 和 setter( ) 方法暴露其访问。适当的封装可以提升开发效率，提升程序代码的安全性。

1. 属性的封装

用 private 修饰属性后，属性就只能在本类中使用，外界无法访问。为了让外界能够按照程序提供的方式来调用，需要根据属性生成公共的 getter( ) 与 setter( ) 方法。如图 4-104 中代码所示，name 属性使用 private 修饰符进行了封装，而 Name 属性则没有进行封装，允许外部代码获取和设置 Person 对象的姓名，但在设置姓名时添加了一些逻辑以确保不会被设置为空值。

```
1.   public class Person
2.   {
3.       private string name;
4.
5.       public string Name
6.       {
7.           get { return name; }
8.           set
9.           {
10.              // 在 setter 中添加逻辑控制
11.              if (!string.IsNullOrEmpty(value))
12.                  name = value;
13.          }
14.      }
15.  }
```

图 4-104　属性的封装

2. 方法的封装

方法是封装对象的行为或操作的另一种方式，方法的封装也是使用 private 修饰符来修饰。通过封装方法，可以隐藏对象的内部实现细节，只暴露方法的公共接口供外部使用。如果要调用私有方法的功能，就需要在本类的公共方法里调用这个私有方法。如图 4-105 中代码所示，Add( ) 方法执行加法操作，并将结果存储在私有字段 result 中。然后，GetResult( ) 方法允许外部代码获取计算结果，而不需要了解内部实现细节。

```
1.   using System;
2.
3.   public class Calculator;
4.   {
5.       private int result;        //私有字段，用于存储计算结果
6.       //Add() 方法执行加法操作，并将结果存储在 result 字段中
7.       public void Add(int a, int b)
8.       {
9.           result = a + b;
```

图 4-105　方法的封装

```
10.        }
11.     //GetResult() 方法允许外部代码获取计算结果
12.     public int GetResult()
13.     {
14.        return result;
15.     }
16.  }
17.  class Program
18.  {
19.     static void Main()
20.     {
21.        // 创建 Calculator
22.        Calculator myCalculator = new Calculator();
23.        // 使用 Add() 方法执行加法操作
24.        myCalculator.Add(5, 7);
25.        // 使用 GetResult() 方法获取计算结果并输出
26.        int finalResult = myCalculator.GetResult();
27.        Console.WriteLine(" 计算结果 :" + finalResult);
28.     }
29.  }
```

图　4-105（续）

3. 构造函数的封装

构造函数通常用于设置对象的初始状态。构造函数的访问修饰符需要设置为 public 才可被调用；在实例化时调用，则一般使用 new 关键字。如果设置为 private、protected 等修饰符，构造函数就无法被访问；如果不设置，默认是 private，也同样无法实例化，程序会直接报错。如图 4-106 中代码所示，Person 类包含一个私有字段 name，该字段只能被类内部的成员访问到。构造函数 Person（string initialName）接收一个参数 initialName，并将其赋值给私有字段 name，这样就完成了构造函数的封装。构造函数被封装起来后，外部就无法直接调用或修改私有字段的值，通过构造函数传入的参数确保对象初始化的合理性和正确性。

```
1.   public class Person
2.   {
3.      private string name;              // 私有字段
4.
5.      public Person(string initialName)
6.      {
7.         this.name = initialName;       // 设置私有字段值
8.      }
9.   }
```

图 4-106　构造函数的封装

4.6.6 类与对象关系

在 C# 中，类和对象是面向对象编程的核心概念，它们之间存在着紧密的关系。

（1）类是一个模板或蓝图，它定义了一个对象的结构和行为，它包含成员变量（字段）、方法、属性、构造函数等元素，用于描述对象的特征和行为。类是抽象的，它只描述了对象的特性，但并不实际存在于内存中。

（2）对象是类的实例，它是根据类的定义在内存中创建的实体。对象具体化了类的属性和行为，并可以对这些属性进行读取和修改，以及调用类中定义的方法。每个对象都有自己的状态（字段值）和行为（方法调用）。

（3）类是对象的模板，对象是类的实例。类是一种用户定义的数据类型，用于描述对象的属性和方法。通过类可以创建多个对象，每个对象都具有相同的属性和方法，但其状态可以不同。类定义了对象的结构和行为，而对象具体化了这些定义。通过创建多个对象，可以轻松地管理和操作数据，并利用类的封装性和抽象性来组织和维护代码。对象允许用户将数据和相关操作打包到单个单元中，以提高代码的可维护性、可重用性和扩展性。

4.7 综合项目实战 1——游戏准备倒计时

游戏中丰富的动画及场景效果通常需要创建和编辑脚本代码实现。从本章开始，本书将在第 3 章项目设计基础上，陆续为游戏项目添加脚本文件，以实现丰富的场景动画效果和功能。游戏开始时，场景中的 UI 标签和游戏对象应该按照设定的功能和顺序出现，现在通过创建 C# 脚本实现该功能。

4.7.1 新建脚本文件

为了便于管理，在 Assets 文件夹内空白处右击，选择 Create → Folder 命令新建一个文件夹，重命名为 Scripts，用于存放项目中的脚本文件。在 Scripts 文件夹内空白处右击，选择 Create → C# Script 命令，新建一个脚本文件，用于实现关卡的准备功能，并将该脚本文件重命名为 PrepareLevel，如图 4-107 所示。

双击该脚本，系统会使用默认的代码编辑器 Visual Studio 将其打开。打开后的脚本代码如图 4-108 所示。这段代码是一个简单的 C# 脚本，没有包含任何功能性内容。第 1 行与第 2 行代码是命名空间引用，表示允许脚本使用 C# 中的集合类。第 3 行代码也是命名空间引用，表明允许脚本使用 Unity 引擎的类。第 5 行代码声明了一个名为 PrepareLevel 的类，该类是 MonoBehaviour 的子类，因此可以在 Unity 中作为脚本挂载到游戏对象上。Start() 和 Update() 是 MonoBehaviour 生命周期的两个方法：Start() 方法在游戏对象被激活时调用一次，通常用于初始化；Update() 方法在每一帧更新时被调用，通常用于处理游戏逻辑。在这段代码中，Start() 和 Update() 方法都被留空，没有包含任何具体的功能性代码。

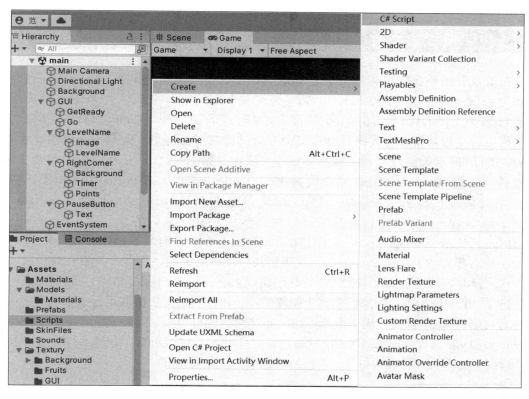

图 4-107　新建脚本

```
1.    using System.Collections;
2.    using System.Collections.Generic;
3.    using UnityEngine;
4.
5.    public class PrepareLevel : MonoBehaviour
6.    {
7.        // Start is called before the first frame update
8.        void Start()
9.        {
10.
11.       }
12.
13.       // Update is called once per frame
14.       void Update()
15.       {
16.
17.       }
18.   }
19.
```

图 4-108　新建 PrepareLevel 脚本代码

4.7.2　编辑脚本文件

在游戏开始前，为了给用户一定的准备时间，需要按照一定的顺序与时间点显现游戏准备倒计时标签中的 Ready 和 Go。为实现上述效果，需要对 PrepareLevel 脚本代码进行编辑。脚本代码如图 4-109 所示，第 3 行代码添加一个 Unity 引擎的 UI 命名空间引用。第 7 行与第 8 行代码分别定义两个公共游戏对象变量，分别用于引用显示 Get Ready 和 Go 提示的游戏对象。在 Awake() 方法中，第 12 行代码是获取一个名为 Timer 的组件，并将其 timeAvailable 属性设置为 SharedSettings.ConfigTime 的值，用于在游戏中控制时间。在 Start() 方法中，第 17 行代码是在路径 GUI/LevelName/LevelName 中找到 LevelName 子对象，获取其 Text 组件，然后将其文本内容设置为 SharedSettings.LevelName[SharedSettings.LoadLevel]，用于在界面上显示当前关卡名称。第 18 行代码是启动一个协程方法 PrepareRoutine()，用于游戏中准备关卡的一些动画效果和界面显示操作，实现延时等待的效果。第 22~38 行代码实现了 PrepareRoutine() 协程方法：第 25 行代码通过 WaitForSeconds() 方法控制每个阶段的持续时间，该方法被调用后会在 1 秒后执行下一行代码；第 28 行代码用于激活 GetReady 游戏对象，显示 GetReady 对象的文字提示信息；第 31~34 行代码说明再等待 2 秒后，隐藏 GetReady 游戏对象，并显示 GO 游戏对象；第 36 行与第 37 行代码说明再等待 1 秒后，隐藏 GO 游戏对象。

```
1.    using UnityEngine;
2.    using System.Collections;
3.    using UnityEngine.UI;
4.
5.    public class PrepareLevel : MonoBehaviour {
6.
7.    public GameObject GetReady;
8.    public GameObject GO;
9.
10.     void Awake()
11.     {
12.        GetComponent<Timer>().timeAvailable = SharedSettings.ConfigTime;
13.     }
14.
15.     void Start () {
16.
17.        GameObject.Find("GUI/LevelName/LevelName").GetComponent<Text>().text = SharedSettings.
    LevelName[SharedSettings.LoadLevel];
18.        StartCoroutine(PrepareRoutine());
19.
20.     }
21.
22.     Ienumerator PrepareRoutine()
```

图 4-109　编辑 PrepareLevel 脚本代码

```
23.    {
24.        // 等待 1 秒
25.        yield return new WaitForSeconds(1.0f);
26.
27.        // 显示 GetReady
28.        GetReady.SetActive(true);
29.
30.        // 等待 2 秒
31.        yield return new WaitForSeconds(2.0f);
32.        GetReady.SetActive(false);
33.
34.        GO.SetActive(true);
35.
36.        yield return new WaitForSeconds(1.0f);
37.        GO.SetActive(false);
38.    }
39. }
```

图 4-109（续）

4.7.3 挂载脚本文件

在 Hierarchy 窗口再创建一个对象，重命名为 Game。将 Prepare Level 脚本拖曳到 Game 对象对应的 Inspector 窗口中，即可将脚本挂载在 Game 对象上。再分别单击 Prepare Level 脚本组件下的 Get-Ready 和 GO 属性值后的圆形按钮，设置脚本运行时调用的 UI 对象，如图 4-110 所示。

单击场景窗口上方运行按钮，查看场景运行效果，可以看到，GetReady 和 GO 按照顺序逐渐淡出，直至消失，如图 4-111 所示。

图 4-110　挂载 Prepare Level 脚本文件

(a) GetReady对象淡出后对象GO出现

(b) 对象GO逐渐淡出

图 4-111　查看 Prepare Level 脚本运行效果

![习　题]

一、单选题

1. 带有（　　）修饰符的成员为私有成员。
 A. public
         B. private
 C. protected internal
     D. private protected

2. 属性通常包括（　　）两种方法。
 A. public( ) 和 private( )
   B. start( ) 和 update( )
 C. get( ) 和 set( )
     D. getter( ) 和 setter( )

3. C# 中的常量使用（　　）关键字声明。
 A. usually
       B. static
 C. const
        D. system

4. 以下说法不正确的是（　　）。
 A. 常量的值在编译时就被确定了
 B. 在程序运行过程中，可以为特殊的常量重新赋值
 C. 常量通常用于存储数值不会改变的量
 D. 常量是只读的，无法在程序中修改

5. 以下说法不正确的是（　　）。
 A. 0x1B 表示十六进制数 1B
   B. 015 表示八进制数 15
 C. 11 表示二进制数 11
     D. 33LU 同样表示无符号长整数

6. 关于字符常量的说法不正确的是（　　）。
 A. 被包裹在单引号内的常量是字符常量
 B. 被包裹在双引号内的常量是字符常量
 C. 字符常量可以是普通字符
 D. 字符常量可以是转义字符或通用字符

7. 关于字符串常量的说法不正确的是（　　）。
 A. 被包裹在单引号内的常量是字符串常量
 B. 被包裹在双引号内的常量是字符串常量
 C. 使用 @"" 形式的字符串是字符串常量
 D. 字符常量可以包含普通字符、转义字符和通用字符

8. 关于方法的说法不正确的是（　　）。
 A. 使用方法时，需要在代码中调用该方法
 B. 调用方法时，必须提供参数
 C. 调用方法时，可以不提供参数
 D. 被调用的方法将执行其定义的操作，可能有返回值，也可能没返回值

9. 关于方法的参数，说法不正确的是（   ）。

    A. 方法可以接收多个参数   B. 方法不能接收零个参数

    C. 方法的参数类型可以是值类型   D. 方法的参数类型可以是引用类型

10. 关于值类型参数的说法不正确的是（   ）。

    A. 值类型参数是方法的默认类型

    B. 值类型参数声明时不带任何修饰符

    C. 值类型参数可以接收整型、浮点型、字符型等类型的数据

    D. 带 static 修饰符的参数为值类型参数

11. 关于引用类型参数的说法不正确的是（   ）。

    A. 当值参数是引用数据类型时，形参复制的是实参的值

    B. 当值参数是引用数据类型时，形参复制的是实参的引用（地址）

    C. 参数引用地址传递过程中，实参数组和参数数组共用一个存储单元

    D. 引用类型参数可以是类实例、数组或自定义引用类型

12. 关于可选参数的说法不正确的是（   ）。

    A. 是指调用方法时若没有传入对应的实参值，则使用方法声明时指定的默认值的
       参数

    B. 一个方法中如果同时有多个参数，可选参数必须在参数列表的末尾声明

    C. 调用带有可选参数的方法时，必须指定可以选择使用的参数值列表

    D. 调用带有可选参数的方法时，可以指定参数值，也可以不指定参数值

13. 关于动态参数的说法不正确的是（   ）。

    A. 动态参数又叫可变参数

    B. 是一种在程序运行时动态确定参数值的参数类型

    C. 允许用户在调用方法时传递不同数量的整数

    D. 在方法内部作为元组处理

14. 关于实例方法的说法不正确的是（   ）。

    A. 通过对对象的实例化调用的一种方法

    B. 要用 public 修饰

    C. 通常用于执行与特定类相关的操作

    D. 需要通过创建类的对象来调用

15. 关于静态方法的说法不正确的是（   ）。

    A. 使用 static 关键字标识   B. 不能直接通过类名调用

    C. 用于执行与类本身相关的操作   D. 不需要创建类的实例

16. 关于构造函数的说法不正确的是（   ）。

    A. 是特殊类型的方法   B. 用于创建和初始化类的实例

    C. 构造函数没有返回类型   D. 构造函数方法名与类名可以不相同

17. 关于析构函数的说法不正确的是（   ）。

    A. 用于清理对象的资源和执行其他清理操作

    B. 与构造函数的作用类似

    C. 通常不需要手动实现析构函数

    D. 通常在名称前加上波浪线标识

18. 关于重载方法的说法不正确的是（　　　　）。

　　A. 方法名称必须相同

　　B. 参数列表必须相同

　　C. 返回类型可以相同也可以不同

　　D. 通常用于使用一个方法处理不同类型的输入数据

19. 关于结构的说法不正确的是（　　　　）。

　　A. 结构是一种轻量级的数据类型　　　　B. 结构是值类型

　　C. 在堆上分配内存　　　　D. 不支持继承

20. 关于结构和类的区别，说法不正确的是（　　　　）。

　　A. 类可以显式地包含无参构造函数，结构只能定义带有参数的构造函数

　　B. 类可以在定义中初始化实例字段，结构也可以

　　C. 类的实例化需要使用 new 关键字，结构的实例化可以不使用 new 关键字

　　D. 类属于引用类型，而结构属于值类型

21. 关于类的说法不正确的是（　　　　）。

　　A. 类用于定义对象的模板

　　B. 类在现实世界中不是真实存在

　　C. 定义一个类时就等于创建了一类新的对象

　　D. 使用已定义的类创建新的对象时，每个对象都具有类所定义的属性和方法

22. 关于类的继承，说法不正确的是（　　　　）。

　　A. 一个类可以继承另一个类的属性和方法

　　B. 可以通过继承创建新类

　　C. 通过继承创建的新类可以复用现有类的功能

　　D. 通过继承创建的新类可以拓展但不能修改现有类的行为

23. 关于类的封装，说法不正确的是（　　　　）。

　　A. 封装是将数据和操作捆绑到一个单独的类中

　　B. 封装可以限制内部对外部数据的直接访问和修改

　　C. 私有字段和公共属性或方法的组合是一种常见的封装方式

　　D. 通常使用访问修饰符控制类成员的可见性来实现封装

24. 关于抽象类的说法不正确的是（　　　　）。

　　A. 是一种可以实例化的类　　　　B. 通常用于定义基类

　　C. 可以包含抽象方法　　　　D. 要求派生类提供实现

25. 关于类的接口，说法不正确的是（　　　　）。

　　A. 接口是一种合同

　　B. 接口规定了实现接口的类必须提供的方法

　　C. 类可以实现某些接口以提供特定的功能

　　D. 一个类仅能实现一个接口以保证特定功能的实现

26. 关于静态方法和静态字段，说法不正确的是（　　　　）。

　　A. 静态方法是类级别的方法　　　　B. 静态方法可以通过类名直接调用

　　C. 静态方法需要创建类的实例　　　　D. 所有类的实例共享相同的静态字段

27. 关于静态构造函数，说法不正确的是（　　　）。
    A. 在类第一次被使用时执行　　　　B. 用于进行一次性初始化工作
    C. 通常在访问静态成员之后执行　　D. 是一种特殊的构造函数

28. 关于 new 关键字的用法，说法不正确的是（　　　）。
    A. 可以创建类的新实例　　　　　　B. 可用于创建类的对象
    C. 可以隐藏子类的成员　　　　　　D. 可以隐藏编译器生成的警告

29. 关于嵌套类的说法不正确的是（　　　）。
    A. 是在类、构造或接口中定义的嵌套类型
    B. 访问修饰符可以是 public、protected 或 internal
    C. 访问修饰符可以是 protected internal、private 或 private protected
    D. 默认的访问修饰符为 public

30. 关于对象的说法不正确的是（　　　）。
    A. 是根据类创建出来的一个个独立且具体的实例
    B. 每个对象都具有自己的属性和方法
    C. 一个类可以创建出多个对象
    D. 用户通过对象名区分不同的对象

31. 关于对象的多态性，说法不正确的是（　　　）。
    A. 允许使用基类和派生类、虚方法、重写方法、接口等来实现
    B. 多态性的基础是使用继承创建基类和派生类
    C. 允许用户使用基类来引用派生类的对象
    D. 可以将基类的对象分配给派生类引用变量实现多态性

32. 关于创建及初始化对象，说法不正确的是（　　　）。
    A. 定义类后就可以创建该类的对象
    B. 创建对象时使用关键字 new 后跟类的构造函数
    C. 只能在创建对象后再给对象初始化
    D. 可以在创建对象时通过构造函数进行初始化

33. 关于对象的封装，说法不正确的是（　　　）。
    A. 通常会把成员变量使用 private 隐藏起来
    B. 通常使用 getter( ) 和 setter( ) 方法暴露对象的访问
    C. 通过封装方法可以隐藏对象的内部实现细节
    D. 多使用封装可以提升开发的效率

34. 关于类和对象的关系，说法不正确的是（　　　）。
    A. 类是抽象的，并不实际存在于内存中，对象是根据类的定义在内存中创建的实体
    B. 类定义了对象的结构和行为，对象具体化了类的属性和行为
    C. 类是对象的模板，对象是类的实例
    D. 通过类可以创建多个对象，每个对象具有不同的属性和方法

二、填空题

1. 在 C# 中，使用＿＿＿＿＿＿＿＿关键字声明命名空间。

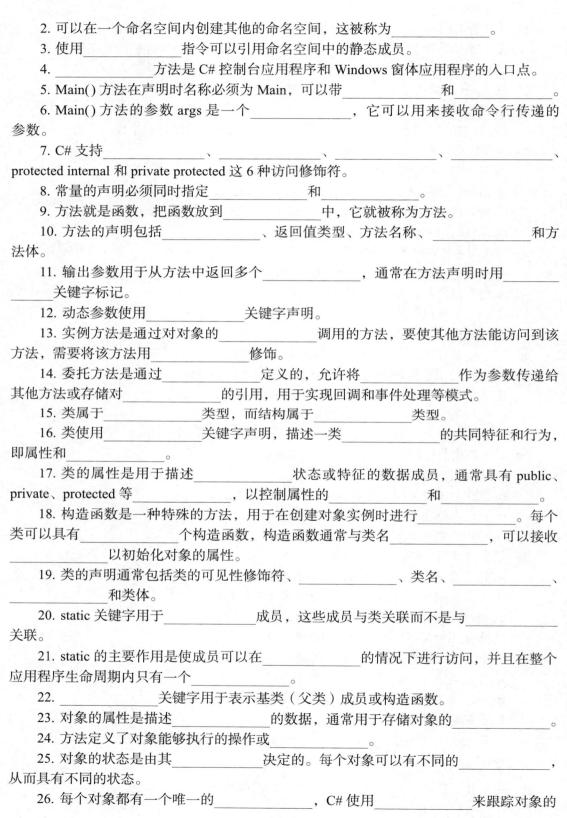

2. 可以在一个命名空间内创建其他的命名空间，这被称为＿＿＿＿＿＿＿＿＿＿。

3. 使用＿＿＿＿＿＿＿＿＿＿指令可以引用命名空间中的静态成员。

4. ＿＿＿＿＿＿＿＿＿＿＿方法是 C# 控制台应用程序和 Windows 窗体应用程序的入口点。

5. Main( ) 方法在声明时名称必须为 Main，可以带＿＿＿＿＿＿＿＿和＿＿＿＿＿＿＿＿＿＿。

6. Main( ) 方法的参数 args 是一个＿＿＿＿＿＿＿＿，它可以用来接收命令行传递的参数。

7. C# 支持＿＿＿＿＿＿＿＿、＿＿＿＿＿＿＿＿、＿＿＿＿＿＿＿＿、＿＿＿＿＿＿＿＿、protected internal 和 private protected 这 6 种访问修饰符。

8. 常量的声明必须同时指定＿＿＿＿＿＿＿＿和＿＿＿＿＿＿＿＿。

9. 方法就是函数，把函数放到＿＿＿＿＿＿＿＿中，它就被称为方法。

10. 方法的声明包括＿＿＿＿＿＿＿＿、返回值类型、方法名称、＿＿＿＿＿＿＿＿和方法体。

11. 输出参数用于从方法中返回多个＿＿＿＿＿＿＿＿，通常在方法声明时用＿＿＿＿＿＿＿＿关键字标记。

12. 动态参数使用＿＿＿＿＿＿＿＿关键字声明。

13. 实例方法是通过对对象的＿＿＿＿＿＿＿＿调用的方法，要使其他方法能访问到该方法，需要将该方法用＿＿＿＿＿＿＿＿修饰。

14. 委托方法是通过＿＿＿＿＿＿＿＿定义的，允许将＿＿＿＿＿＿＿＿作为参数传递给其他方法或存储对＿＿＿＿＿＿＿＿的引用，用于实现回调和事件处理等模式。

15. 类属于＿＿＿＿＿＿＿＿类型，而结构属于＿＿＿＿＿＿＿＿类型。

16. 类使用＿＿＿＿＿＿＿＿关键字声明，描述一类＿＿＿＿＿＿＿＿的共同特征和行为，即属性和＿＿＿＿＿＿＿＿。

17. 类的属性是用于描述＿＿＿＿＿＿＿＿状态或特征的数据成员，通常具有 public、private、protected 等＿＿＿＿＿＿＿＿，以控制属性的＿＿＿＿＿＿＿＿和＿＿＿＿＿＿＿＿。

18. 构造函数是一种特殊的方法，用于在创建对象实例时进行＿＿＿＿＿＿＿＿。每个类可以具有＿＿＿＿＿＿＿＿个构造函数，构造函数通常与类名＿＿＿＿＿＿＿＿，可以接收＿＿＿＿＿＿＿＿以初始化对象的属性。

19. 类的声明通常包括类的可见性修饰符、＿＿＿＿＿＿＿＿、类名、＿＿＿＿＿＿＿＿和类体。

20. static 关键字用于＿＿＿＿＿＿＿＿成员，这些成员与类关联而不是与＿＿＿＿＿＿＿＿关联。

21. static 的主要作用是使成员可以在＿＿＿＿＿＿＿＿的情况下进行访问，并且在整个应用程序生命周期内只有一个＿＿＿＿＿＿＿＿。

22. ＿＿＿＿＿＿＿＿关键字用于表示基类（父类）成员或构造函数。

23. 对象的属性是描述＿＿＿＿＿＿＿＿的数据，通常用于存储对象的＿＿＿＿＿＿＿＿。

24. 方法定义了对象能够执行的操作或＿＿＿＿＿＿＿＿。

25. 对象的状态是由其＿＿＿＿＿＿＿＿决定的。每个对象可以有不同的＿＿＿＿＿＿＿＿，从而具有不同的状态。

26. 每个对象都有一个唯一的＿＿＿＿＿＿＿＿，C# 使用＿＿＿＿＿＿＿＿来跟踪对象的标识。

27. 子类继承父类，父类＿＿＿＿＿＿＿＿子类。父类又叫＿＿＿＿＿＿＿＿。可以使用关键字＿＿＿＿＿＿＿＿来创建一个派生类。

28. ＿＿＿＿＿＿＿＿关键字用于引用当前类的实例对象，可以在类的方法、构造函数和属性中使用，以明确指示正在操作的当前对象实例。

三、简答题

1. 简述命名空间的作用。

2. 命名空间可以嵌套定义吗？嵌套定义命名空间有什么作用？如何定义嵌套命名空间？

3. C# 中常用的访问修饰符有哪些？使用这些访问修饰符能起到什么作用？

4. 简述下 C# 中类与对象之间的关系。

第5章

字符串与正则表达式

文字是信息的主要表达方式,因此,文字处理在计算机处理功能中占有特殊而重要的地位。字符串是编程中常用的一种数据类型,用于表示文本信息。正则表达式是对字符串操作的一种逻辑公式,是用事先定义好的一些特定字符及其组合,组成一个"规则字符串",用来表达对字符串的一种过滤逻辑,以实现灵活而又高效的文本处理方法。

5.1 字 符 串

字符串是表示文本数据的数据类型,通常用 System.String 或 string 表示。字符串是不可变的,这意味着一旦创建字符串,就不能更改其内容。

5.1.1 字符串的创建

C# 脚本中可以通过多种方式创建字符串对象,如图 5-1 中代码所示:①直接给 String 变量指定一个字符串(第 10~12 行代码);②利用字符串连接运算符(+)创建一个新字符串(第 13 行代码);③使用插入字符串的方法创建一个新的字符串(第 16~18 行代码);④采用格式化方法转换一个值或对象成为字符串表示形式(第 21~22 行代码);⑤通过拆分字符串的方法得到一个新的字符串(第 26~32 行代码);⑥通过字符串替换方法得到一个新字符串。

```
1.    using System;
2.
3.    namespace StringApplication
4.    {
5.        class Program
6.        {
7.            static void Main(string[] args)
8.            {
9.                //使用字符串字面量
```

图 5-1　创建字符串示例代码

```
10.          string str1 = "Hello";
11.          string str2 = "world!";
12.     // 连接字符串
13.          string combined = str1 + str2;
14.          Console.WriteLine(combined);              // 输出：Hello world!
15.     // 使用字符串插值
16.          string name = "Alice";
17.          int age = 30;
18.          string message=$"My name is {name} and I am {age} years old."
19.          Console.WriteLine(message);               // 输出：My name is Alice and I am 30 years old.
20.     // 使用字符串格式化
21.          double price = 12.99;
22.          string formattedPrice = String.Format("The price is {0:C}", price);
23.          Console.WriteLine(formattedPrice);        // 输出：The Price is $12.99
24.
25.     // 使用字符串方法
26.          string sentence = "The quick brown fox jumps over the lazy dog.";
27.     // 拆分字符串
28.          String[] words =sentence.Split(' ');
29.          foreach(string word in words) ;
30.          {
31.               Console.WriteLine(word);
32.          }
33.     // 输出：
34.      //The
35.      //quick
36.      //brown
37.      //fox
38.      //jumps
39.      //over
40.      //the
41.      //lazy
42.      //dog.
43.     // 替换字符串
44.          string replaced = sentence.Replace("lazy", "sleepy");
45.          Console.WriteLine(replaced);              // 输出：The quick brown fox jumps over sleepy dog.
46.     // 检查字符串是否包含子字符串
47.          bool containsFox = sentence.Contains("fox");
48.          Console.WriteLine(containsFox);           // 输出：True
49.     }
50.  }
51. }
```

图 5-1（续）

字符串的使用包含比较字符串、包含字符串、获取子字符串、连接字符串四种常见操作。

117

5.1.2　比较字符串

通常使用 String.Compare() 方法对两个字符串进行比较，判断它们是否相等。如图 5-2 所示中代码所示，使用 String.Compare() 方法比较 str1 和 str2 是否相等，注意 String 首字母为大写。String.Compare() 方法比较的结果会返回一个整数：返回值若为大于 0 的整数（通常为 1），则代表 str1 大于 str2；返回值若为小于 0 的整数（通常为 –1），则代表 str1 小于 str2；返回值为 0 时，代表 str1 与 str2 相等。

```
1.   using System;
2.   namespace StringApplication
3.   {
4.     class StringProg
5.     {
6.       static void Main(string[] args)
7.       {
8.         string str1 = "This is test";
9.         string str2 = "This is text";
10.
11.        if (String.Compare(str1, str2) == 0)
12.        {
13.          Console.WriteLine(str1 + " and " + str2 + " are equal.");
14.        }
15.        else
16.        {
17.          Console.WriteLine(str1 + " and " + str2 + " are not equal.");
18.        }
19.        Console.ReadKey() ;
20.      }
21.    }
22.  }
```

图 5-2　比较字符串示例代码

运行图 5-2 中所示代码，运行结果如图 5-3 所示。

```
C:\Program Files\dotnet\dotnet.exe
This is test and This is text are not equal.
```

图 5-3　比较字符串示例代码运行结果

5.1.3　包含字符串

通常使用 String.Contains() 方法来检查一个字符串中是否包含特定的子字符串。如图 5-4 中代码所示，使用 str.Contains（"test"）表达式来检查字符串 str 是否包含子字符串 test。Contains() 方法判断的结果会返回一个布尔值：返回值为 true，代表字符串 str 包含子字符串 test，程序会打印输出判断结果提示字符串 "The sequence 'test' was found"；返回值为 false，代表字符串 str 不包含子字符串 test，程序则会打印输出判断结果提示字符串 "The sequence 'test' wasn't found"。

```
1.    using System;
2.    namespace StringApplication
3.    {
4.        class StringProg
5.        {
6.            static void Main(string[] args)
7.            {
8.                string str = "This is test";
9.                if (str.Contains("test"))
10.               {
11.                   Console.WriteLine("The sequence 'test' was found.");
12.               }
13.               else
14.               {
15.                   Console.WriteLine("The sequence 'test' wasn't found.");
16.               }
17.               Console.ReadKey();
18.           }
19.       }
20.   }
```

图 5-4　包含子字符串的示例代码

运行图 5-4 所示代码，运行结果如图 5-5 所示。

```
C:\Program Files\dotnet\dotnet.exe
The sequence 'test' was found.
```

图 5-5　包含子字符串示例代码的运行结果

5.1.4　获取子字符串

通常使用 String.Substring( ) 方法来提取原始字符串中的子字符串。该方法通常带有两个参数，表达为 string.Substring（startIndex，length），第 1 个参数 startIndex 为提取子字符串的开始索引值，第 2 个参数 length 为提取子字符串的长度。如图 5-6 中代码所示，在第 9 行中，Substring 方法只有 1 个参数，默认省略了 length 参数，表示从 str 字符串中提取子字符串的起始索引值为 23，长度为到 str 字符串结束。字符串的索引值默认为从 0 开始，依次是 0、1、2……，因此 str 字符串中索引值为 23 的字符为 B，取到字符串末尾即为 "Beijing."。第 10 行代码中的 str.Substring（0，10）表示从 str 字符串索引值为 0 开始取，提取字符串的长度为 10，空格也算一个字符，即为 "Last night"。用户可根据需要灵活设置 Substring( ) 中的参数值，调整要提取的子字符串的起始索引值和长度，实现不同的子字

```
1.   using System;
2.   namespace StringApplication
3.   {
4.     class StringProg
5.     {
6.       static void Main(string[] args)
7.       {
8.         string str = "Last night I dreamt of Beijing.";
9.         string substr1 = str.Substring(23);
10.        string substr2 = str.Substring(0,10);
11.        Console.WriteLine(substr);
12.        Console.WriteLine(substr1);
13.        Console.WriteLine(substr2);
14.        Console.ReadKey();
15.      }
16.    }
17.  }
```

图 5-6　获取子字符串的示例代码

符串提取的目的。

运行图 5-6 中代码，运行结果如图 5-7 所示。

```
C:\Program Files\dotnet\dotnet.exe
Last night I dreamt of Beijing.
Beijing.
Last night
```

图 5-7　获取子字符串示例代码的运行结果

5.1.5　连接字符串

通常使用 String.Join() 方法进行字符串的连接。如图 5-8 中代码所示，在第 8 行中，创建了一个字符串数组 starray，并对数组进行了初始化，该数组包含了 5 个字符串数组元素。第 14 行代码使用 String.Join() 方法将字符串数组元素连接成一个单独的字符串，注意，String 首字母为大写，并用换行符 "\n" 分隔每个字符串元素。第 15 行代码将连接后的字符串输出到控制台。

```
1.   using System;
2.   namespace StringApplication
3.   {
4.     class StringProg
5.     {
6.       static void Main(string[] args)
7.       {
```

图 5-8　连接字符串示例代码

```
8.        string[] starray = new string[]{"Down the way nights are dark",
9.          "And the sun shines daily on the mountain top",
10.         "I took a trip on a sailing ship",
11.         "And when I reached Jamaica",
12.         "I made a stop"};
13.
14.         string str = String.Join("\n", starray);
15.         Console.WriteLine(str);
16.         Console.ReadKey() ;
17.      }
18.    }
19.  }
```

图   5-8（续）

运行图 5-8 中所示代码，运行结果如图 5-9 所示。

```
C:\Program Files\dotnet\dotnet.exe
Down the way nights are dark
And the sun shines daily on the mountain top
I took a trip on a sailing ship
And when I reached Jamaica
I made a stop
```

图 5-9　连接字符串示例代码的运行结果

5.1.6　字符串实战演练

本小节主要利用创建字符串的 5 种方法做一个综合性练习，具体要求如下。①定义三个字符串变量 fname、mname、lname。它们分别存储一个人的名（First name）、中间名（Middle name）和姓（Last name 或 Surname），然后利用字符串的连接在控制台输出完整的全名（fullname）。②通过 string 构造函数将字符数组各元素作为一个字符串输出。③利用字符串连接方法将字符数组中各个元素作为一个字符串输出。④利用字符串格式化方法将日期时间类型数据作为一个字符串输出。具体实现代码如图 5-10 所示。

```
1.    using System;
2.
3.    namespace StringApplication
4.    {
5.      class Program
6.      {
7.        static void Main(string[] args)
8.        {
9.          //字符串，字符串连接
10.          string fname, mname, lname;
11.          fname = " George ";
```

图 5-10　字符串实战练习代码

```
12.          mname = "Walker ";
13.          lname = "Isabella ";
14.          string fullname =fname+mname+lname;
15.          Console.WriteLine("Full Name: {0}", fullname);
16.          // 通过使用 string 构造函数
17.          char[] letters = { 'H', 'e', 'l', 'l', 'o' };
18.          string greetings = new string(letters);
19.          Console.WriteLine("Greetings: {0}", greetings);
20.
21.          // 字符串连接方法返回字符串
22.          string[] sarray = { "I", "come", "from", "Shanghai" };
23.          string message = String.Join(" ", sarray);
24.          Console.WriteLine("Message: {0}", message);
25.
26.          // 用于转换值的格式化方法
27.          DateTime waiting = new DateTime(2023, 10, 18, 18, 58, 1);
28.          string chat = String.Format("Message sent at {0:t} on {0:D}",
29.          waiting);
30.          Console.WriteLine("Message: {0}", chat);
31.          Console.ReadKey() ;
32.      }
33.    }
34.  }
```

图　5-10（续）

运行图 5-10 中所示代码，运行结果如图 5-11 所示。

```
C:\Program Files\dotnet\dotnet.exe
Full Name: George Walker Isabella
Greetings: Hello
Message: I come from Shanghai
Message: Message sent at 18:58 on 2023年10月18日
```

图 5-11　字符串实战练习代码的运行结果

5.2　正则表达式

正则表达式（Regular Expression，Regex）是使用特定的语法及字符串形式描述、匹配某个句法规则字符串的匹配规则，被用来检索、匹配、替换符合规则的文本操作。正则表达式通常由普通字符和元字符组成，普通字符是指字面含义不变的字符，按照完全匹配的方式匹配文本，而元字符具有特殊的含义，代表一类字符。

例如，对于正则表达式 Room\d\d\d，前面 4 个字符 Room 是普通字符，后面的字符 \ 是转义字符，和后面的字符 d 组成一个元字符 \d，表示该位置上有任意一个数字。用正则表达式的语言来描述是：正则表达式 Room\d\d\d 共捕获 7 个字符，表示"以 Room 开头、以 3 个数字结尾"的一类字符串，于是这一类字符串被称为一个模式（Pattern），也被称为是一个正则。

5.2.1 字符类元字符

在进行正则匹配时，把输入文本看作有顺序的字符流，字符类元字符匹配的对象是字符，并会捕获字符。捕获字符是指一个元字符捕获的字符，不会被其他元字符匹配，后续的元字符只能从剩下的文本中重新匹配。表 5-1 列出了常见的字符类元字符及其含义。

表 5-1　常见的字符类元字符及其含义

字符类元字符	含　义
[xyz]	匹配所包含的任意一个字符。例如，[abc] 可匹配 plain 中的 a
[^xyz]	匹配未包含的任意字符。例如，[^abc] 可匹配 plain 中的 p
[a-z]	匹配指定范围内的任意一个字符。例如，[a-z] 可以匹配 a 到 z 范围内的任意小写字符
[^a-z]	匹配不在指定范围内的任意字符。例如，[^a-z] 可以匹配不在 a 到 z 范围内的任意字符
.	通配符，匹配除 \n 外的任意一个字符
\d	匹配任意一个数字字符，等价于 [0-9]
\D	匹配任意一个非数字字符，等价于 [^0-9]
\s	匹配任意一个空白字符，包括空格、制表符、换行符等
\S	匹配任意一个非空白字符
\w	匹配包括下画线在内的任意一个单词字符，等价于 [A-Za-z0-9_]
\W	匹配任意一个非单词字符，等价于 [^A-Za-z0-9_]

5.2.2 转义字符

转义字符是反斜杠（\），是能把普通字符转义为具有特殊含义的元字符。例如匹配点字符（.）要使用 \. 来转义表示。表 5-2 列出了常见的转义字符及其含义。

注意：转义字符也属于字符类元字符，在进行正则匹配时，也会捕获字符。

表 5-2　常见的转义字符及其含义

转义字符	含　义
\t	水平制表符
\v	垂直制表符
\r	回车
\n	换行
\\	表示字符 \，也就是把转义字符 \ 转义为普通字符 \
\"	表示字符 "，C# 中双引号用于定义字符串，字符串包含的双引号用 \" 表示

5.2.3　定位符

定位符匹配（或捕获）的对象是位置，它根据字符的位置来判断模式匹配是否成功。定位符不会捕获字符，宽度为 0。表 5-3 列出了常见的定位符及其含义。

表 5-3　常见的定位符及其含义

定位符	含　义
^	默认情况下，匹配字符串的开始位置；多行模式下，匹配每行的开始位置
$	默认情况下，匹配字符串的结束位置，或字符串结尾的 \n 前的位置；多行模式下，匹配每行之前的位置，或每行结尾的 \n 之前的位置
\A	匹配字符串的开始位置
\Z	匹配字符串的结束位置，或字符串结尾的 \n 前的位置
\z	匹配字符串的结束位置
\G	匹配上一个匹配结束的位置
\b	匹配一个单词的开始或结束的位置
\B	匹配一个单词的中间的位置

5.2.4　量词

量词是指限定前面的一个正则出现的次数，分为贪婪模式和懒惰模式。贪婪模式是指匹配尽可能多的字符，而懒惰模式是指匹配尽可能少的字符。默认情况下，量词处于贪婪模式，在量词的后面加上问号（?）来启用懒惰模式。表 5-4 列出了常见的量词及其含义。

表 5-4　常见的量词及其含义

贪 婪 模 式	懒 惰 模 式	量词匹配的含义
*	*?	出现 0 次或多次
+	+?	出现 1 次或多次
?	??	出现 0 次或 1 次
{n}	{n}?	出现 n 次
{n,}	{n,}?	出现至少 n 次
{n,m}	{n,m}?	出现 $n \sim m$ 次

注意： 出现多次是指前面的元字符出现多次，例如，\d{2} 等价于 \d\d，只是出现两个数字，并不要求两个数字是相同的。要表示相同的两个数字，必须使用分组来实现。

5.2.5　分组和捕获字符

() 不仅可以确定表达式的范围，还可以创建分组。() 内的表达式就是一个分组，引用分组表示两个分组匹配的文本是完全相同的。定义一个分组的基本语法如图 5-12 所示。该类型的分组会捕获字符。

1. 分组编号和命名

通常来说，分组分为编号分组和命名分组。默认情况下，每个分组自动分配一个组号，规则是：从左向右，按分组左括号的出现顺序进行编号，第一个分组的组号为 1，第二个为 2，以此类推。也可以为分组指定名称，该分组称作命名分组，命名分组也会被自动编号，编号从 1 开始，逐个加 1。命名分组的基本语法如图 5-13 所示。

（ pattern ）

（ ?< name > pattern ）

图 5-12　分组的基本语法　　　　　　图 5-13　命名分组的基本语法

引用分组的方式也分为两种。①通过分组编号来引用分组：\number。②通过分组名称来引用分组：\k。

注意：分组只能后向引用，也就是说，从正则表达式文本的左边开始，分组必须先定义，然后才能在定义之后引用。例如，正则表达式里引用分组的语法为 \1，代表与分组 1 匹配的子串；\2 代表与分组 2 匹配的字串，以此类推。

例如，.*? 表示匹配任意字符到下一个符合条件的字符。. 代表除 \n 外的任意字符，* 代表匹配 0 个或多个正好在它前面的那个字符。? 代表非贪婪模式，匹配最近的字符，如果不加 ? 就是贪婪模式。故 .* 具有贪婪的性质，首先匹配到不能匹配为止，根据后面的正则表达式，会进行回溯。.*? 则相反，一个匹配以后，就往下进行，不会进行回溯，具有最小匹配性质。因此，.*? 表示任何字符 0 个或多个。例如，正则表达式 a.*?xxx 可以匹配 abxxx、axxxxx、abbbbbxxx 等。

2. 分组构造器

分组构造方法及含义如表 5-5 所示。

表 5-5　分组构造方法及含义

分组构造方法	含　　义
(pattern)	捕获匹配的子表达式，并为分组分配一个组号
(?< name > pattern)	把匹配的子表达式捕获到命名的分组中
(?:pattern)	非捕获的分组，并未分组分配一个组号
(?> pattern)	贪婪分组

贪婪分组也称作非回溯分组，该分组禁用了回溯，正则表达式引擎将尽可能多地匹配输入文本中的字符。如果无法进行进一步的匹配，则不会回溯尝试进行其他模式匹配。

5.2.6　零宽断言

零宽是指宽度为 0，匹配的是位置而不是字符，所以匹配的子串不会出现在匹配结果中。断言是指判断的结果，在正则表达式中，只有断言为真，才算匹配成功。对于定位符，可以匹配一句话的开始、结束（^ $）或者匹配一个单词的开始、结束（\b），这些元字符只匹配一个位置，指定这个位置满足一定的条件，而不是匹配某些字符，因此，它们被称为零宽断言。零宽断言可以精确地匹配一个位置，而不仅仅是简单的指定句子或者单词。

正则表达式把文本视为从左向右的字符流，向右叫作后向（Look behind），向左叫作前向（Look ahead）。对于正则表达式，只有当匹配到指定的模式时，断言为 True，叫作肯定式；把不匹配模式为 True，叫作否定式。按照匹配的方向和匹配的定性，把零宽断言分为 4 种类型：前向肯定断言、后向肯定断言、前向否定断言和后向否定断言。

1. 前向肯定断言

前向肯定断言的正则表达式为 (?=pattern)。

前向肯定断言通常出现在正则表达式的右侧，表示文本的右侧必须满足特定的模式，但是该模式匹配的子串不会出现在匹配的结果中。例如，在正则表达式 \b\w+(?=\sis\b) 中，\b 表示单词的边界，\w+ 表示单词至少出现一次，(?=\sis\b) 为前向肯定断言，\s 表示一个空白字符，is 为普通字符，完全匹配，\b 是单词边界。因此，该正则表达式匹配的文本中必须包含 is 单词，is 是一个单独的单词，不是某个单词的一个部分，即匹配的是 is 单词前面的单词，但匹配结果不包括 is 单词本身。如果使用字符串 "Sunday is a weekend day" 匹配该正则表达式，匹配的结果为 Sunday；而如果使用字符串 "The island has beautiful birds" 则不匹配该正则表达式。

2. 后向肯定断言

后向肯定断言的正则表达式为 (?<=pattern)。

后向肯定断言通常出现在正则表达式的左侧，表示文本的左侧必须满足特定的模式，但是该模式匹配的子串不会出现在匹配的结果中。例如，在正则表达式 (?<=\b20)\d{2}\b 中，(?<=\b20) 表示后向肯定断言，\b 表示单词的开始，20 是普通字符，\d{2} 表示两个数字，数字不要求相同，\b 表示单词边界。因此，该正则表达式匹配的文本中必须以 20 开头，匹配的是 20 后面的两位数字，但匹配结果不包括 20 字符串本身。如果使用字符串 "1202 2021 1020" 匹配该正则表达式，匹配的结果为 21。

3. 前向否定断言

前向否定断言的正则表达式为 (?!pattern)。

前向否定断言表示否定开头，只能用在正则表达式的开头，pattern 是匹配模式，它后面的内容需要不匹配该正则表达式才匹配成功。例如，正则表达式 \d{3}(?!\d) 匹配三位数字，而且这三位数字的后面不能是数字。正则表达式 \b((?!abc)\w)+\b 匹配不包含连续字符串 abc 的单词。

4. 后向否定断言

后向否定断言的正则表达式为 (?<!pattern)。

后向否定断言表示否定结尾，前面的内容需要不匹配该模式才匹配成功。例如，正则表达式 (?<![a-z])\d{7} 匹配前面不是小写字母的 7 位数字。

正则表达式是一种强大的文本处理工具，可用于各种文本匹配和操作任务。编写正则表达式模式时，需要根据具体的匹配需求和目标文本来构建。正则表达式的繁简取决于要解决问题的复杂度，可能包含多个元字符、字符类、分组和逻辑操作符，但过于复杂的正则表达式会导致匹配效率的下降，因此，需要熟练地编写和理解正则表达式模式才能充分发挥其作用。

5.2.7　正则表达式实战演练 1——匹配特定单词

使用正则表达式匹配输入文本的模式，主要由一个或者多个字符、运算符和结构组成。例如，要匹配以 m 开头并且以 e 结尾的单词，实现的程序代码如图 5-14 所示，其中第 22 行代码正则表达式 \bm\S*e\b 中使用两个 \b 分别匹配单词的开始和结束边界，字符 m 和 e 分别表示单词的开头和结尾字符，m 和 e 之间用 \S* 表示匹配任意个非空白字符。

```
1.    using System;
2.    using System.Text.RegularExpressions;
3.
4.    namespace RegExApplication
5.    {
6.      class Program
7.      {
8.        private static void showMatch(string text, string expr)
9.        {
10.          Console.WriteLine("The Expression: " + expr);
11.          MatchCollection mc = Regex.Matches(text, expr);
12.          foreach (Match m in mc)
13.          {
14.            Console.WriteLine(m);
15.          }
16.        }
17.        static void Main(string[] args)
18.        {
19.          string str = "make maze and manage to measure it";
20.
21.          Console.WriteLine("Matching words start with 'm' and ends with 'e':");
22.          showMatch(str, @"\bm\S*e\b");
23.          Console.ReadKey( );
24.        }
25.      }
26.    }
27.
```

图 5-14　正则表达式练习代码

虚拟现实程序设计（C# 版）

编译执行图 5-14 中所示代码，运行结果如图 5-15 所示。

```
C:\Program Files\dotnet\dotnet.exe
Matching words start with 'm' and ends with 'e':
The Expression: \bm\S*e\b
make
maze
manage
measure
```

图 5-15　正则表达式练习代码的运行结果

5.2.8　正则表达式实战演练 2——验证手机号码

5.2.7小节示例代码演示了如何使用字符串和正则表达式进行常见的匹配操作。本小节示例将使用 System.Text.RegularExpressions 命名空间中的 Regex 类来处理正则表达式验证手机号码的操作。如图 5-16 中代码所示，在第 6 行中，IsPhone（string phone）方法用于验证传入的字符串 phone 是否为有效的手机号码。第 9 行代码定义了一个名为 RegexStr 的字符串，其中包含了一个用于匹配手机号码的正则表达式模式。第 12 行代码使用 Regex.Match() 方法将输入的 phone 与正则表达式模式进行匹配，并将匹配结果转换为字符串存储在字符串变量 m 中。第 14 行代码使用 String.IsNullOrEmpty() 方法判断匹配结果 m 的值，如果 m 的值为空，则在屏幕输出匹配结果字符串提示符"匹配为空"，否则直接在屏幕输出字符串 m 的值。

在第 9 行正则表达式 RegexStr 的模式是 "^1([358][0-9]|4[579]|66|7[0135678]|9[89])[0-9]{8}$"，用于匹配中国大陆地区的手机号码格式，表示第 1 位必须以 1 开头，第 2 位与第 3 位分别是 3|5|8 中任意数字和 0~9 中的任意数字，它们可能是 4 开头 +5|7|9 中任意数字，或者是 66（特殊号码段），或者是 7 开头 +0|1|3|5|6|7|8 中任意数字，或者 9 开头 +8|9 中任意数字。第 4~11 位是 0 到 9 中的任意数字。第 29 行与第 30 行代码中，分别调用 IsPhone() 方法验证传入的字符串 110 和 13888888888 是否为有效的手机号码。根据程序判断逻辑可知，运行程序后判断第一个手机号码不符合中国大陆的手机号格式，因而屏幕上应该输出"匹配为空"；而第二个手机号码是有效的，屏幕上直接输出该手机号码对应的字符串格式 13888888888。

```
1.   using System;
2.   using System.Text.RegularExpressions;
3.
4.   public class Example
5.   {
6.       public static void IsPhone(string phone)
7.       {
8.           //正则表达式
9.           string RegexStr = @"^1([358][0-9]|4[579]|66|7[0135678]|9[89])[0-9]{8}$";
10.
11.          //使用 Match() 匹配
```

图 5-16　利用正则表达式来验证手机号码

128

```
12.        string m = Regex.Match(phone, RegexStr).ToString( );
13.
14.        if(String.IsNullOrEmpty(m))
15.        {
16.           Console.WriteLine(" 匹配为空 ");
17.        }
18.        else
19.        {
20.           Console.WriteLine(m);
21.        }
22.     }
23.     public static void Main( )
24.     {
25.        // 要匹配的字符串内容
26.        string content = "110";
27.        string content2 = "13888888888";
28.
29.        IsPhone(content);
30.        IsPhone(content2);
31.        Console.ReadKey( );
32.     }
33. }
```

图 5-16（续）

编译执行图 5-16 中所示代码，运行结果如图 5-17 所示。

图 5-17 利用正则表达式来验证手机号码的运行结果

5.2.9 正则表达式实战演练 3——验证邮箱地址

本小节将练习如何使用正则表达式来验证电子邮件地址。如图 5-18 中代码所示，在第 6 行中，IsEmail(string email) 方法用于验证传入的字符串 email 是否为有效的电子邮件。第 9 行代码中定义了一个名为 RegexStr 的字符串，其中包含一个用于匹配电子邮件地址的正则表达式。第 12 行代码使用 Regex.Match( ) 方法将输入的 email 与正则表达式模式进行匹配，并将匹配后的结果转变为字符串赋值给字符串变量 m。第 14 行代码使用 String.IsNullOrEmpty( ) 方法对匹配的结果进行判断：如果 m 为空值，则输出"匹配为空"；否则输出邮箱对应的字符串值。

在第 9 行代码中，正则表达式 RegexStr 为 [a-zA-Z0-9_-]+@[a-zA-Z0-9_-]+(.[a-zA-Z0-9_-]+)+$，用于匹配常见的电子邮件地址格式，包括用户名部分、@ 符号和域名部分。第 30 行与第 31 行代码则通过调用 IsMail( ) 方法判断用户输入的邮箱地址是否有效。根据程序判断逻辑

129

可知：第一个地址是有效的，第二个地址是无效的。

```
1.   using System;
2.   using System.Text.RegularExpressions;
3.
4.   public class Example
5.   {
6.       public static void IsEmail(string email)
7.       {
8.           // 正则表达式
9.           string RegexStr = @"^[a-zA-Z0-9_-]+@[a-zA-Z0-9_-]+(.[a-zA-Z0-9_-]+)+$";
10.
11.          // 使用 Match() 匹配
12.          string m = Regex.Match(email, RegexStr).ToString();
13.
14.          if(String.IsNullOrEmpty(m))
15.          {
16.              Console.WriteLine(" 匹配为空 ");
17.          }
18.          else
19.          {
20.              Console.WriteLine(m);
21.          }
22.      }
23.
24.      public static void Main()
25.      {
26.          //要匹配的字符串内容
27.          string content = "2568142788@163.com";
28.          string content2 = "baidu.com";
29.
30.          IsEmail(content);
31.          IsEmail(content2);
32.          Console.ReadKey();
33.      }
34.  }
```

图 5-18　利用正则表达式验证电子邮件地址

编译执行图 5-18 中所示代码，运行结果如图 5-19 所示。

```
2568142788@163.com
匹配为空
```

图 5-19　利用正则表达式验证电子邮件地址的运行结果

5.3 综合项目实战 2——计时器

5.3.1 创建脚本文件

为了在游戏中显示剩余时间，并在游戏结束（剩余时间为 0）时触发相应的操作，例如显示游戏结束时的 UI 界面等功能，需要创建脚本实现计时器功能。在 Project 窗口的 Scripts 文件夹内创建一个新的脚本文件，将其重命名为 Timer。双击打开脚本文件并编辑脚本，如图 5-20 中代码所示。在第 23 行中 Start() 方法调用 RunTimer() 方法来启动计时器。第 27~31 行代码是 RunTimer() 方法的实现代码。第 33~35 行代码是停止计时器的实现方法。在第 44~48 行代码中，Update() 方法通过逻辑语句判断计时器是否被用户暂停，如果计时器暂停则更新开始时间。第 50~53 行代码是判断计时器是否在运行状态，如果是则继续更新当前时间。第 55~65 行代码是判断剩余时间，并在剩余时间小于或等于 0 时激活游戏结束的 UI 界面，提醒用户游戏结束。第 73 行代码使用 string.Format() 方法将时间数据格式化为字符串，以便在用户界面上显示。string.Format() 方法允许按照用户指定的格式将多个参数合并为一个格式化的字符串。{0:00}、{1:00}、{2:00} 是格式化占位符，用于指定输出的格式，minutes、seconds、fraction 分别是要格式化的参数值。

```
1.   using UnityEngine;
2.   using System.Collections;
3.   using UnityEngine.UI;
4.   public class Timer : MonoBehaviour {
5.
6.       bool run = false;                          // 表示计时器是否在运行的布尔变量
7.       bool showTimeLeft = true;                  // 控制是否显示剩余时间的布尔变量
8.       bool timeEnd = false;                      // 标志计时器是否已经结束的布尔变量
9.
10.      float startTime = 0.0f;                    // 记录计时器开始的时间
11.      float curTime = 0.0f;                      // 记录当前计时器的经过时间
12.      string curStrTime = string.Empty;          // 用于存储格式化后的时间字符串
13.      bool pause = false;                        // 控制计时器是否暂停的布尔变量
14.
15.      public float timeAvailable = 30f;          // 初始可用时间，单位为秒，默认为 30 秒
16.      float showTime = 0;                        // 实际用于显示的剩余时间，考虑是否显示剩余时间
17.
18.      public Text guiTimer;                      // 用于在 Unity 编辑器中关联显示计时器的 Text 对象
19.  public GameObject finishedUI;                  // 用于在 Unity 编辑器中关联显示计时器结束时的 UI 对象
20.
21.      void Start()                               // 在脚本启动时调用，调用了 RunTimer() 方法开始计时
```

图 5-20 计时器脚本代码

```
22.        {
23.            RunTimer();
24.        }
25.
26.        public void RunTimer()              //用于开始计时，设置 run 为 true 并记录开始时间
27.        {
28.            run = true;
29.            startTime = Time.time;
30.        }
31.
32.        public void PauseTimer(bool b)       //用于暂停计时，接收一个布尔参数，根据参数值设置 pause
33.        {
34.            pause = b;
35.        }
36.
37.        public void EndTimer()               //计时结束时的方法，目前没有实际实现
38.        {
39.
40.        }
41.
42.    void Update () {                          //在每一帧都会被调用
43.
44.        if (pause)                            //如果计时器暂停，更新 startTime 并返回
45.        {
46.            startTime = startTime + Time.deltaTime;
47.            return;
48.        }
49.
50.        if (run)                              //如果计时器在运行，更新 curTime
51.        {
52.            curTime = Time.time - startTime;
53.        }
54.
55.        if (showTimeLeft)                     //如果需要显示剩余时间、计算剩余时间，并在剩余时间
                                                 //小于或等于 0 时显示相应 UI (finishedUI.SetActive(true))
56.        {
57.            showTime = timeAvailable - curTime;    //格式化时间字符串，并更新显示在 GUI 中
58.            if (showTime <= 0)
59.            {
60.                timeEnd = true;
61.                showTime = 0;
62.
63.                //弹出 UI 界面，告诉用户本轮游戏结束
64.                //暂停 / 停止游戏
65.        finishedUI.SetActive(true);
66.            }
```

图 5-20（续）

```
67.          }
68.
69.          int minutes = (int) (showTime / 60);
70.          int seconds = (int) (showTime % 60);
71.          int fraction = (int) ((showTime * 100) % 100);
72.
73.          curStrTime = string.Format("{0:00}:{1:00}:{2:00}", minutes, seconds, fraction);
74.          guiTimer.text = "Time: " + curStrTime;
75.
76.     }
77. }
```

图 5-20（续）

5.3.2 挂载脚本文件

将 Timer 脚本拖动到 Game 对象的 Inspector 窗口中，并将 Timer 组件下的 Time Available 属性值设置为 60，即设置计时器倒计时时间为 60s，同时分别单击 Gui Timer 和 Finished UI 属性值的圆形按钮，将其属性值分别设置为 UI 对象 Timer 和 Finished UI，如图 5-21 所示。

图 5-21　挂载计时器脚本

单击场景窗口上方的运行按钮，查看运行功能，如图 5-22（a）所示，可以看到计时器时间可以精确到毫秒。游戏剩余时间计时结束时，程序激活了 FinishedUI 界面，如图 5-22（b）所示。

(a) 计时器计时开始后的界面

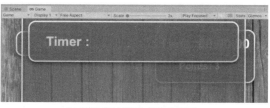

(b) 计时器计时结束时的界面

图 5-22　计时器脚本运行效果

5.4 综合项目实战 3——GUI 标签控制

5.4.1 创建脚本文件

为了对游戏中添加的 UI 标签进行整体控制，在 Scripts 文件夹内再新建一个脚本文件并重命名为 GUIManager，双击该脚本文件进行代码的编辑。如图 5-23 中代码所示，第 27 行的 pauseButtonText.text = "Resume" 和第 37 行的 pauseButtonText.text = "Pause" 是根据游戏暂停状态更新暂停按钮上的文本内容。第 39 行的 timer.PauseTimer(gamePause) 是调用计时器的 PauseTimer( ) 方法，传入当前的暂停状态，以控制计时器的暂停和恢复。当运行场景时，单击暂停按钮 Pause 时，计时器时间会停止，Pause 按钮上的提示信息由原来的 Pause 变成 Resume。

```
1.   using UnityEngine;
2.   using System.Collections;
3.   using UnityEngine.UI;
4.   public class GUIManager : MonoBehaviour {
5.    public Text guiPoints;
6.    MouseControl mouseControl;
7.    bool gamePause = false;
8.    public Text pauseButtonText;
9.    public FruitDispenser fd;
10.   public Timer timer;
11.   void Start () {
12.    mouseControl = GameObject.Find("Game").GetComponent<MouseControl>();
13.   }
14.   void Update() {
15.    guiPoints.text = "Points: " + mouseControl.points;
16.
17.   }
18.   public void Pause()
19.   {
20.    Rigidbody[] rs = GameObject.FindObjectsOfType<Rigidbody>();
21.    gamePause = !gamePause;
22.    if (gamePause)
23.    {
24.     foreach(Rigidbody r in rs)
25.     {
26.      r.Sleep();
27.      pauseButtonText.text = "Resume";
```

图 5-23　GUIManager 脚本代码

```
28.     fd.pause = true;
29.     timer.PauseTimer(gamePause);
30.     }
31.   }
32.   else
33.   {
34.     foreach(Rigidbody r in rs)
35.     {
36.       r.WakeUp( );
37.       pauseButtonText.text = "Pause";
38.       fd.pause = false;
39.       timer.PauseTimer(gamePause);
40.     }
41.   }
42.   }
43. }
```

图 5-23（续）

5.4.2 挂载脚本文件

将脚本文件 GUIManager 拖拽到 GUI 对象对应的 Inspector 窗口上，以实现游戏中 GUI 元素的管理，如图 5-24 所示。

图 5-24 将 GUIManager 脚本挂载到 GUI 对象上

单击场景窗口上方的运行按钮，在场景运行时单击 Pause 按钮，可以看到计时器 Time 的计时暂停，暂停按钮上的提示信息由 Pause 变成了 Resume，如图 5-25 所示。

(a) 游戏运行界面　　　　　　　　　　　　(b) 游戏暂停界面

图 5-25　挂载 GUIManager 脚本代码后程序的运行效果

一、单选题

1. 以下程序段的运行结果为（　　）。

```
static void Main(string[] args)
    {
      string str1 = "test";
      string str2 = "text";
      Console.WriteLine(String.Compare(str1,str2));
      Console.ReadKey();
    }
```

A. 1　　　　　　　　　　　　　　　　B. 0
C. -1　　　　　　　　　　　　　　　　D. 语法错误，无法编译通过

2. 以下程序段的运行结果为（　　）。

```
static void Main(string[] args)
    {
      string str = "This is test";
      Console.WriteLine(str.Contains("text"));
      Console.ReadKey();
    }
```

A. True　　　　　　　　　　　　　　B. False
C. The sequence 'text' was found.　　　D. The sequence 'text' wasn't found.

3. 以下程序段的运行结果为（　　）。

```
static void Main(string[] args)
    {
      string str = "This is test";
      string substr1 = str.Substring(5,4);
      string substr2 = str.Substring(8);
      Console.WriteLine("substr1 is: "+substr1+"   "+"substr2 is:
"+substr2);
      Console.ReadKey();
    }
```

A. substr1 is: is　　substr2 is: test　　　　B. substr1 is: is te　　substr2 is: test

C. substr1 is: is t　　substr2 is: This is　　D. substr1 is: is t　　substr2 is: test

4. 关于正则表达式的说法，不正确的是（　　　　）。

    A. 由字符和元字符组成　　　　　　　　B. 元字符通常按照字面意义匹配

    C. 元字符具有特殊含义　　　　　　　　D. 通常用 \n 匹配一个换行符

5. 关于元字符的含义，说法不正确的是（　　　　）。

    A. 通常用 \w 来匹配包括下画线在内的任何单词字符

    B. 通常用 $ 来匹配输入字符串的开始位置

    C. 通常用 a|b 来匹配 x 或 y

    D. 通常用 \s 来匹配任何空白字符

6. 利用正则表达式 \b\w+(?=ing\b) 匹配字符串 "I'm singing while you're dancing."，正确的结果为（　　　　）。

    A. ing　　　　ing　　　　　　　　　　B. singing　　　dancing

    C. sing　　　dancing　　　　　　　　　D. sing　　　danc

7. 利用正则表达式 (?<=\bre)\w+\b 匹配字符串 "reading a book on how to make bread"，正确的结果为（　　　　）。

    A. bread　　　　　　　　　　　　　　　B. ad

    C. ading　　　　　　　　　　　　　　　D. make

8. 以下（　　　　）正则表达式可以匹配符合"以 135 开头、尾号为 9 的中国大陆手机号"。

    A. 135[0-9]{7}9　　　　　　　　　　　B. ^[135][0-9]{7}9$

    C. ^135[0-9]{7}9$　　　　　　　　　　 D. ^135[0-9]{7}[9]$

二、填空题

1. 字符串是表示＿＿＿＿＿＿＿＿＿＿＿数据的数据类型，通常用＿＿＿＿＿＿＿＿＿＿＿或＿＿＿＿＿＿＿＿表示。

2. 字符串是＿＿＿＿＿＿＿＿＿＿＿（可变 / 不可变）的，这意味着一旦创建字符串，就不能＿＿＿＿＿＿＿＿＿＿。

3. 通常使用＿＿＿＿＿＿＿＿＿＿＿方法比较两个字符串是否相等。

4. 通常使用＿＿＿＿＿＿＿＿＿＿＿方法来检查一个字符串中是否包含特定的子字符串。

5. 通常使用＿＿＿＿＿＿＿＿＿＿＿方法来提取原始字符串中的子字符串。

6. 通常使用＿＿＿＿＿＿＿＿＿＿＿方法进行字符串的连接。

7. 正则表达式是使用特定的语法及＿＿＿＿＿＿＿＿＿＿＿形式描述、匹配某个句法规则字符串的＿＿＿＿＿＿＿＿＿＿＿规则，被用来检索、匹配、替换符合规则的＿＿＿＿＿＿＿＿＿＿＿操作。

8. 正则表达式通常由＿＿＿＿＿＿＿＿＿＿＿字符和＿＿＿＿＿＿＿＿＿＿＿组成。字面含义不变的字符为＿＿＿＿＿＿＿＿＿＿＿字符，按照完全匹配的方式匹配文本；而＿＿＿＿＿＿＿＿＿＿＿字符具有特殊的含义，代表一类字符。

9. 匹配以字符 m 开头、以 e 结尾的单词的正则表达式为＿＿＿＿＿＿＿＿＿＿＿。

三、简答题

1. 在 C# 脚本中可以通过哪些方式创建字符串对象？

2. 简述 String.Compare( ) 方法的含义，并举例说明可能得到的结果。

3. 简述 string.Substring( ) 方法的含义，并举例说明可能得到的结果。

第6章

委托和事件

在 C# 中，委托和事件为对象之间的通信提供了一种灵活而安全的方法。委托可以将函数作为参数传递，消除很多不必要的判断，增强程序的健壮性和可扩展性。事件是一种特殊的委托，用于在对象之间提供一种基于委托的通知机制，这意味着事件的发送方不需要知道接收方的任何信息，反之亦然，从而更易于解耦和维护代码。

6.1　委托的声明

委托（delegate）是 C# 中用于处理方法引用和实现回调的重要机制，被广泛用于事件处理、异步编程、LINQ 查询等方面，从而使 C# 变得更加强大。

6.1.1　委托的概念

委托是一种允许存储一个或多个方法的引用类型，它的作用相当于 C 语言中的函数指针。委托定义了方法的类型，使得可以将方法当作另一个方法的参数来进行传递。这种将方法动态地赋给参数的做法，可以避免在程序中大量使用 if-else 或 switch 语句，同时使程序具有更好的可扩展性。通过调用委托实例，可以间接调用与之相关联的方法。引用委托时包含多种方法，这些方法都要按照添加的顺序被依次调用，实现处理、回调链等复杂模式。使用委托可以帮助用户实现代码的松耦合，提高代码的可维护性和可扩展性；在运行时更改方法的行为，会让代码更加灵活。

委托和类一样，是一种自定义类型，可以直接将 delegate（委托）看成关键字 class（类），两者的区别在于，class 里存放的是一系列方法、属性、字段、事件、索引，而 delegate 里存放的是一系列具有相同类型参数和返回类型方法的地址。

6.1.2　委托的声明结构

在声明委托时，需要指定委托的参数类型和返回类型，声明结构如图 6-1 所示。

delegate ＜ 函数返回类型 ＞ 委托名（参数类型 参数名 1[，参数类型 参数名 2...]）

图 6-1　委托的声明结构

如图 6-2 中代码所示，声明了一个委托类型 MyDelegate，它包含两个 int 类型参数，返回值为 int 类型。

delegate int MyDelegate(int a, int b);

图 6-2　委托的声明示例

6.2　委托的实例化

在创建委托实例时，可以将一个或多个方法绑定到实例中，这些方法必须与委托定义的方法相匹配，参数与返回值也必须保持一致。委托的实例化主要包括常规实例化委托、匿名方法实例化委托和使用 Lambda 表达式实例化委托这三种方法。

6.2.1　常规实例化委托

通常使用 new 关键字进行常规实例化委托，语法结构如下：

＜委托名＞实例化名 =new＜委托名＞（注册函数）

注意：注册函数不包括参数，可以直接将一个注册函数赋值给委托，如图 6-3 所示。

MyDelegate _md=new MyDelegate(method);

图 6-3　常规实例化委托

6.2.2　匿名方法实例化委托

匿名函数是一种无须显式定义函数名称的函数，通常用于在代码中定义和传递小型函数或委托。匿名函数的主要用途包括事件处理、LINQ 查询、委托实例化和回调等情况。C# 中有两种主要类型的匿名函数：匿名方法和 Lambda 表达式。

匿名方法是在 C# 2.0 中引入的，它是一种使用 delegate 关键字创建匿名函数的方式。它的语法允许定义匿名函数的参数列表和方法体，但不需要为函数分配名称。匿名方法通常用于创建简短的函数体，尤其在事件处理或委托回调时非常方便，因为无须为每个小函数单独命名，可以在需要时定义它们，使得代码更加紧凑和灵活。

匿名方法实例化委托的语法结构如下：

< 委托类型 >< 实例化名 >=delegate(< 函数参数 >) { 函数体 }

如图 6-4 中代码所示，使用匿名方法创建了一个简单的委托实例，并通过该委托实例来执行匿名方法输出一条消息。

```
1.    delegate void MyDelegate(string message);
2.    MyDelegate showMessage = delegate (string msg)
3.    {
4.        Console.WriteLine(msg);
5.    };
6.    showMessage("Hello, world!");
```

图 6-4　利用匿名方法实例化委托

6.2.3　使用 Lambda 表达式实例化委托

Lambda 表达式提供了更简洁和强大的创建匿名函数的方式，通常与委托或 LINQ 一起使用。Lambda 语句主体中可以包含任意多个数量的语句，但在实际使用过程中通常不会多于三个。Lambda 语句一般都包含在花括号当中，Lambda 表达式使用 => 操作符，它允许定义匿名函数的参数和表达式体，编译器会自动推断参数类型。

语法格式如下：

参数列 => 语句或语句块

用法规则为：① Lambda 表达式的参数数量必须和委托的参数数量相同。②如果委托的参数中包括有 ref 或 out 修饰符，则 Lambda 表达式的参数列表中也必须包括有修饰符。示例代码如图 6-5 所示。

```
1.    class Test
2.    {
3.        public delegate void MyDelegate(out int x);    //声明委托
4.        Static void Print(MyDelegate test)
5.        {
6.            int i;
7.            test(out i);
8.            Console.Write(i);
9.        }
10.       Static void Main()
11.       {
12.           Print(out int x)=>x=3;                    //使用 Lambda 表达式实例化委托
13.           Console.Read();
14.       }
15.   }
```

图 6-5　使用 Lambda 表达式实例化委托

接下来综合练习一下委托的声明和三种实例化委托方法，详细代码如图 6-6 所示。

```
1.      class Program
2.      {
3.          //声明委托
4.          delegate int MyDelegate(int x, int y)
5.          Static void Main(string[] args)
6.          {
7.              //3 种实例化委托的方法
8.              //1. 使用 new 关键字
9.              MyDelegate _md=new MyDelegate (Sum)
10.             //2. 使用匿名方法
11.             MyDelegate md=delegate(int x, int y)
12.             {
13.                 return x + y;
14.             }
15.             //3. 使用 Lambda 表达式
16.             MyDelegate mdLambda=(int x, int y)=>{return x+y;};
17.         }
18.         Static int Sum(int x, int y)
19.         {
20.             return x + y;
21.         }
22.     }
```

图 6-6　委托使用方法的综合练习

6.3　委托的调用

委托可以通过调用来触发它引用的方法，如图 6-7 中代码所示，涉及委托的创建、实例化和调用，以及不同类型的委托，包括无参数无返回值、有参数无返回值、无参数有返回值和有参数有返回值的委托。代码中还展示了如何使用委托变量和 Invoke( ) 方法来触发委托，并在某些情况下使用异步委托执行。

```
1.      public delegate void ShowDelegate( );
2.
3.      public void Show( )
4.      {
5.          Debug.WriteLine("test");
6.      }
7.
8.      public delegate string ShowStringDelegate(string str);
9.
```

图 6-7　调用委托示例

```
10.      public string ShowString(string str)
11.      {
12.          return str + "test";
13.      }
14.  class Program
15.  {
16.      //定义委托相关的方法
17.      private static void NoReturnNoParaMethod()
18.      {
19.          Console.WriteLine(" 无参数，无返回值的方法 ");
20.      }
21.
22.      private static void NoReturnWithParaMethod(int s, int t)
23.      {
24.          Console.WriteLine(" 有参数，无返回值的方法 ");
25.      }
26.
27.      static void Main(string[] args)
28.      {
29.          //实例化委托
30.          //使用 new 实例
31.          DelegateTest.NoReturnNoPara noReturnNoPara= new DelegateTest.NoReturnNoPara
      (NoReturnNoParaMethod);
32.
33.          //使用赋值的方式实例
34.          DelegateTest.NoReturnWithPara noReturnWithPara = NoReturnWithParaMethod;
35.
36.          //使用匿名委托实例
37.          DelegateTest.WithReturnNoPara withReturnNoPara = delegate()
38.          {
39.              Console.WriteLine(" 无参数，有返回值的方法 ");
40.              return default(int);
41.          };
42.
43.          //使用 Lambda 匿名方法实例
44.          DelegateTest.WithReturnWithPara WithReturnWithPara = (out int x, out int y) =&gt;
45.          {
46.              x = 1;
47.              y = 2;
48.              Console.WriteLine(" 有参数，有返回值的方法 ");
49.              return x + y;
50.          };
51.
52.          //调用委托
53.          //使用委托变量调用
```

图　6-7（续）

```
54.        noReturnNoPara();
55.
56.        // 使用 Invoke 调用
57.        // 【Invoke】执行方法，如果委托定义没有参数，则 Invoke 也没有参数，委托没有返回值，
           // 则 Invoke 也没有返回值
58.        noReturnNoPara.Invoke();
59.
60.        int result= withReturnNoPara.Invoke();                    // 调用有返回值，无参数的委托
61.
62.        int x1, y1;
63.        int result2 = WithReturnWithPara.Invoke(out x1,out y1);   // 调用有返回值，有参数的委托
64.
65.        // 使用 BeginInvoke
66.        // 【BeginInvoke】开启一个线程去执行委托，NetCore 不支持，NetFamework 支持 NetCore 有
           // 更好的多线程功能来支持实现类似功能
67.        noReturnWithPara.BeginInvoke(1,2,null,null);
68.        //EndInvoke 等待 BeginInvoke() 方法执行完成后再执行 EndInvoke 后面的代码
69.        //noReturnWithPara.EndInvoke();
70.        Console.ReadLine();
71.    }
72.    }
```

图 6-7（续）

6.4 单播委托和多播委托

6.4.1 单播委托

单播委托是一种用于事件处理和回调机制的委托类型，它可以指向一个方法，而且只能调用一个方法，只能存储对一个方法的引用。声明单播委托需要使用 delegate 关键字，指定委托可以指向方法的签名。单播委托声明如图 6-8 所示，MyDelegate 是一个单播委托，它可以指向一个接收一个 string 参数并返回 void 的方法。

delegate void MyDelegate(string message);

图 6-8　单播委托的声明

创建委托实例时，需要将创建的委托的实例指向一个具体的方法，也可以通过直接给委托分配方法的引用来完成。如图 6-9 中代码所示，myDelegate 委托指向名为 SomeMethod 的方法。

MyDelegate myDelegate = new MyDelegate(SomeMethod);

图 6-9　创建委托实例

调用委托时一旦委托指向了一个方法，用户就可以通过调用委托来执行该方法，就好像直接调用该方法一样。如图 6-10 中代码所示，可以直接调用委托 myDelegate 来执行 SomeMethod 方法，并向 SomeMethod 方法传递字符串参数 "Hello, world!"。

```
myDelegate("Hello, world!");
```

图 6-10　调用委托

单播委托只能指向一个方法，因此它是一种点对点的委托。这在事件处理和回调场景中非常有用，允许将方法引用传递给其他方法，以便在需要时执行这些方法。单播委托允许将方法作为参数传递，将其存储在集合中，以及用于实现回调模式和事件处理等情况。

6.4.2　多播委托

多播委托（Multicast Delegate）是一种特殊类型的委托，它可以同时引用多个方法。多播委托允许一个委托与多个方法关联，然后通过一次调用委托来触发多个方法的执行。可以通过使用 += 和 -= 运算符来将方法引用添加到多播委托或从中移除。多个方法可以连接在一起，形成多播链。调用多播委托时，程序会按照添加方法的顺序调用每个方法。为了更深入地理解多播委托，可以拿小明让小张帮忙买东西的例子来讲解多播委托的使用。如图 6-11 中代码所示，声明了一个类 Zhang，类中声明了一个买东西的委托 BuySomethingDelegate( )，类中还定义了三个方法：买水、买肯德基和买热狗。

```
1.      public class Zhang
2.      {
3.          public delegate void BuySomethingDelegate();
4.          public void BuyWater()
5.          {
6.              Console.WriteLine(" 买水! ");
7.          }
8.          public void BuyKFC()
9.          {
10.             Console.WriteLine(" 买肯德基 ");
11.         }
12.         public void BuyHotDog()
13.         {
14.             Console.WriteLine(" 买热狗 ");
15.         }
16.     }
```

图 6-11　多播委托的声明

小张帮小明完成买水的操作，如图 6-12 中代码所示。

```
1.      Zhang z = new Zhang();
2.      BuySomethingDelegate bsd = new BuySomethingDelegate(z.BuyWater);
3.      bsd.Invoke();
```

图 6-12　买水的操作

小明突然想吃东西，又让小张顺路给自己买个热狗和肯德基，如图 6-13 中代码所示。

```
1.    Zhang z = new Zhang ();
2.    BuySomethingDelegate bsd = new BuySomethingDelegate(z.BuyWater);
3.    bsd += z.BuyHotDog;              //添加另一个方法
4.    bsd += z.BuyKFC;                 //添加另一个方法
5.    bsd.Invoke();
```

图 6-13　顺便再买热狗和肯德基的操作

小张还没有付钱，小明害怕自己吃不完，又让小张把热狗给退了，如图 6-14 中代码所示。

```
1.    Zhang z= new Zhang ();
2.    BuySomethingDelegate bsd = new BuySomethingDelegate(z.BuyWater);
3.    bsd += z.BuyHotDog;
4.    bsd += z.BuyKFC;
5.    bsd -= z.BuyHotDog;              //移除一个方法
6.    bsd.Invoke();
```

图 6-14　退购买热狗的操作

完整的程序代码如图 6-15 中代码所示。

```
1.    using  System
2.    using static DelegateDemo.Zhang;
3.    namespace  DelegateDemo
4.    {
5.      public class Zhang
6.      {
7.        public delegate void BuySomethingDelegate();
8.        public void BuyWater()
9.        {
10.          Console.WriteLine(" 买水!");
11.        }
12.        public void BuyKFC()
13.        {
14.          Console.WriteLine(" 买肯德基 ");
15.        }
16.        public void BuyHotDog()
17.        {
18.          Console.WriteLine(" 买热狗 ");
19.        }
20.        private static void Main(string[] args)
21.        {
22.          Zhang z = new Zhang();
23.          BuySomethingDelegate bsd = new BuySomethingDelegate(z.BuyWater);
```

图 6-15　多播委托示例的完整代码

```
24.        bsd += z.BuyHotDog;          //添加另一个方法
25.        bsd += z.BuyKFC;             //添加另一个方法
26.        bsd -= z.BuyHotDog;          //移除一个方法
27.        bsd.Invoke();
28.        Console.ReadLine();
29.     }
30.   }
31. }
```

图 6-15（续）

删除图 6-15 中代码第 26 行后，程序运行结果如图 6-16（a）所示，而如果保留图 6-15 中代码第 26 行后，程序运行结果如图 6-16（b）所示。

(a) 添加方法引用的运行结果　　　(b) 删除方法引用的运行结果

图 6-16　多播委托示例完整代码的运行结构

6.5　事　件

事件是一种特殊的委托，用于实现发布 / 订阅模式以实现操作间的通信。事件提供了一种处理机制，使一个对象能够触发事件，而其他对象（通常是事件的订阅者）可以订阅该事件以侦听并响应事件发生时执行的特定操作。事件一般在类中声明和生成，使用 event 关键字标记，在声明时必须定义该事件的委托类型，并通过一个相同的类或其他类当中的委托和事件处理程序进行关联。如图 6-17 中代码所示，在 Judgement 类中分别定义了委托和事件：定义事件 event 时，必须要定义一个委托类型，并用这个委托类型来定义处理事件的方法类型。

```
1.   class Judgment
2.   {
3.      //定义一个委托
4.      public delegate void delegateRun();
5.      //定义一个事件
6.      public event delegateRun eventRun;
7.   }
```

图 6-17　事件的声明

事件通常定义为类的成员，事件的委托类型通常是 EventHandler 或 EventHandler<TEventArgs>。可以使用 += 订阅事件，用 -= 取消订阅事件，以及调用 Invoke 方法触发事件。事件通常用于封装对象的内部状态变化，并通过事件通知其他对象，以确保更好的封装性和安全性。

委托和事件是 C# 中用于处理方法引用和实现事件处理的关键特性。委托是更一般的概念，通常用于实现事件的底层机制；事件是建立在委托之上的一种机制，用于实现松散耦合的事件处理模式，使应用程序的构建更安全和易于使用。在事件中，委托通常用作事件处理程序的容器，用于存储对事件发生时要调用的方法的引用。

6.6　委托实战演练

一旦声明委托，就需要使用关键字 new 来创建委托对象。本节将编写代码实现对委托进行声明、实例化、调用的操作，该委托可以引用一个带有整型参数的方法，并返回一个整型数值，参考代码如图 6-18 所示。

```
1.   using System;
2.   delegate int NumberChanger(int n);
3.   namespace DelegateAppl
4.   {
5.    class TestDelegate
6.    {
7.     static int num = 10;
8.     public static int AddNum(int p)
9.     {
10.      num += p;
11.      return num;
12.     }
13.
14.     public static int MultNum(int q)
15.     {
16.      num *= q;
17.      return num;
18.     }
19.     public static int getNum()
20.     {
21.      return num;
22.     }
23.
24.     static void Main(string[] args)
25.     {
26.      // 创建委托实例
27.      NumberChanger nc1 = new NumberChanger(AddNum);
28.      NumberChanger nc2 = new NumberChanger(MultNum);
29.      // 使用委托对象调用方法
```

图 6-18　委托的实战练习参考代码

```
30.        nc1(25);
31.        Console.WriteLine("Value of Num: {0}", getNum( ));
32.        nc2(5);
33.        Console.WriteLine("Value of Num: {0}", getNum( ));
34.        Console.ReadKey( );
35.      }
36.    }
37.  }
38.
```

图　6-18（续）

编译执行图 6-18 中所示代码后，会得到如图 6-19 所示的运行结果。

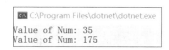

图 6-19　委托的实战练习参考代码运行结果

6.7　综合项目实战 4——水果发射器

该节实战项目接着第 5 章的切水果案例，添加一个水果发射器功能，使水果通过物理引擎的作用从下方发射出来，到达一定高度之后再自由下落。

6.7.1　制作预制体

Unity 的预制体（Prefab）是一种可重复使用的游戏对象组合，能将游戏对象组合成一个整体并保存为一个独立资源。通过将一个或多个游戏对象组合成一个预制体，可以快速创建出多个基于相同属性的游戏对象。本案例中共使用到三种水果和一种炸弹，并且在发射过程中多次出现，可以分别制作出三种水果和炸弹的预制体，基于预制体就能很快地创建出具有相同属性的水果和炸弹。如图 6-20 所示，在 Assets 目录下的 Prefabs 文件夹中，都是已经制作好的预制体文件，用户也可以根据需要自定义预制体。

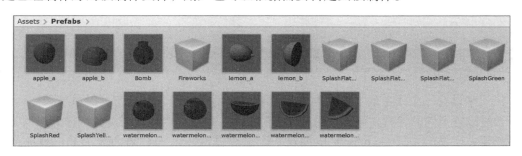

图 6-20　预制体文件

由于预制体只是记录了节点信息，并不包含材质数据，所以需要给预制体添加材质球。Assets 目录下的 Materials 文件夹中有相关的材质球资源，如图 6-21 所示。

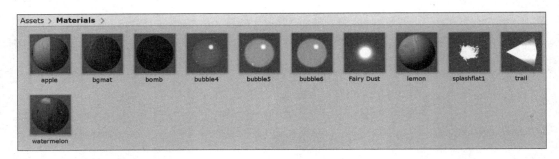

图 6-21　材质球文件

以苹果为例，给预制体添加材质球。单击 Prefabs 文件夹中的 apple_a 预制体，在其对应的 Inspector 窗口中，单击 Mesh Renderer 组件下 Materials 属性值后的圆形按钮，如图 6-22（a）所示。在弹出的材质球选择窗口中单击 apple 材质球，如图 6-22（b）所示，即可完成材质球的添加。其他预制体对象都可按同样的方法和步骤进行设置。

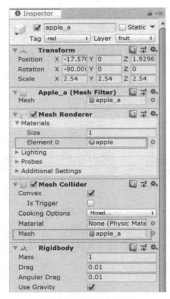
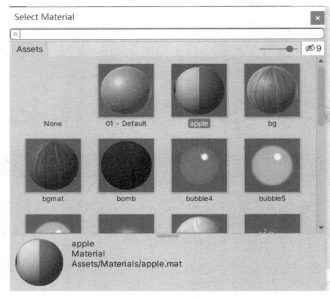

(a) 材质球属性设置　　　　　　　　　　(b) 材质球选择界面

图 6-22　为预制体设置材质球

6.7.2　制作水果发射器

接下来设计一个简单的水果发射器，实现根据不同的关卡和概率发射水果和炸弹，还可以通过设置不同的参数，调整发射的频率和类型。此外，当水果或炸弹碰撞到触发器时，会被销毁。首先，在 Hierarchy 窗口创建一个空物体对象并将其重命名为 FruitDispenser，如图 6-23 所示。

然后，在 Assets 目录下的 Scripts 文件夹中新建一个脚本文件，将其重命名为 FruitDispenser，如图 6-24 所示。

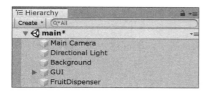

图 6-23　创建空物体对象

图 6-24　创建 FruitDispenser 脚本文件

双击该脚本文件，使用默认代码编辑器打开后对该脚本代码进行编辑，代码如图 6-25 所示。第 3 行代码定义了一个名为 FruitDispenser 的类，该类继承自 MonBehaviour。MonoBehaviour 是 Unity 中所有游戏对象交互时脚本的基类。第 4 行与第 5 行代码分别定义了一个存储水果游戏对象的数组和一个存储炸弹的游戏对象，第 7~12 行代码定义了一些控制水果和炸弹发射的变量。在 Update( ) 方法中，第 21~69 行代码是通过逻辑控制语句控制和控制变量实现水果发射的控制功能。在 FireUp( ) 方法中，第 73~100 行代码是通过逻辑控制语句、控制变量和调用自定义的 Spawn( ) 方法实现水果和炸弹在特定关卡发射频率和随机概率下的发射。在 Spawn( ) 方法中，第 102 行定义了一个布尔类型变量用于控制随机生成水果对象还是炸弹对象；第 104~106 行代码是随机生成一个 x 轴和 z 轴坐标，便于后续代码实现水果或炸弹随机生成的坐标位置；第 110~121 行代码是通过逻辑控制语句和相关变量实现水果和炸弹的随机发射、自由落体和刚体碰撞效果，并且给它们施加一定的速度和旋转，使场景运行效果更加逼真。OnTriggerEnter( ) 是一个触发器事件方法，当其他对象（水果或炸弹）进入触发范围时，会自动执行触发区域事件，触发销毁功能。

```
1.    using UnityEngine;
2.    using System.Collections;
3.    public class FruitDispenser : MonoBehaviour {      //定义一个名为 FruitDispenser 的类，继承自
                                                        // MonoBehaviour。这是 Unity 中所有与游戏对象
                                                        // 交互的脚本的基类
4.        public GameObject[] fruits;                    //一个存储水果游戏对象的数组
5.        public GameObject bomb;                        //一个存储炸弹游戏对象引用
6.
7.        public float z;                                //一个存储 z 轴位置的变量
8.
9.        public float powerScale;                       //一个控制力度的缩放因子
10.
11.       public bool pause = false;                     //一个控制是否暂停的布尔变量
12.       bool started = false;                          //一个标志变量，表示是否已经开始发射水果
13.
14.       // 每个水果发射的计时
15.       public float timer = 10.5f;                    //每个水果发射计时器
16.
17.   void Start () {
```

图 6-25　水果发射器脚本代码

```
18.
19.    }
20.    void Update( ) {                        // 控制水果的发射
21.        if (pause) return;                   // 如果 pause 为真，则退出方法
22.
23.        timer −= Time.deltaTime;            // 每一帧更新计时器
24.
25.        if (timer <= 0 && !started)         // 当计时器 timer 为 0 并且 started 为假时，将 timer 设置为 0 并
                                               // 将 started 设置为真
26.        {
27.            timer = 0f;
28.            started = true;                  // 如果 started 设置为真，根据 SharedSettings.LoadLevel 的值选择
                                               // 相应的计时器并调用 FireUp() 方法
29.        }
30.
31.        if (started)
32.        {
33.            if (SharedSettings.LoadLevel == 0)
34.            {
35.                if (timer <= 0)
36.                {
37.                    FireUp();
38.                    timer = 2.5f;
39.                }
40.            }
41.            else
42.            if (SharedSettings.LoadLevel == 1)
43.            {
44.                if (timer <= 0)
45.                {
46.                    FireUp();
47.                    timer = 2.0f;
48.                }
49.            }
50.            else
51.            if (SharedSettings.LoadLevel == 2)
52.            {
53.                if (timer <= 0)
54.                {
55.                    FireUp();
56.                    timer = 1.75f;
57.                }
58.            }
59.            else
60.            if (SharedSettings.LoadLevel == 3)
61.            {
```

图 6-25（续）

```
62.              if (timer <= 0)
63.              {
64.                  FireUp( );
65.                  timer = 1.5f;
66.              }
67.          }
68.      }
69.  }
70.  // 特定关卡和随机概率下，调用 Spawn() 方法发射炸弹
71.      void FireUp()
72.      {
73.          if (pause) return;
74.
75.          // 每次必有的水果
76.          Spawn(false);
77.
78.          if (SharedSettings.LoadLevel == 2 && Random.Range(0, 10) < 2)
79.          {
80.              Spawn(true);
81.          }
82.          if(SharedSettings.LoadLevel == 3 && Random.Range(0, 10) < 4)
83.          {
84.              Spawn(true);
85.          }
86.
87.          // 炸弹
88.          if (SharedSettings.LoadLevel == 1 && Random.Range(0, 100) < 10)
89.          {
90.              Spawn(true);
91.          }
92.          if (SharedSettings.LoadLevel == 2 && Random.Range(0, 100) < 20)
93.          {
94.              Spawn(true);
95.          }
96.          if (SharedSettings.LoadLevel == 3 && Random.Range(0 ,100) < 30)
97.          {
98.              Spawn(true);
99.          }
100.     }
101.
102.     void Spawn(bool isBomb)    // 随机范围生成 x 和 z 坐标，然后在指定范围内实例化水果或炸弹。
                                    // 根据随机值计算发射力度和方向，并将水果添加到场景中
103.     {
104.         float x = Random.Range(−3.1f, 3.1f);
105.
106.         z = Random.Range(14f, 19.8f);
```

图 6-25（续）

```
107.
108.        GameObject ins;
109.
110.        if (!isBomb)
111.            ins = Instantiate(fruits[Random.Range(0, fruits.Length)], transform.position + new Vector3(x, 0, z),
       Random.rotation) as GameObject;
112.        else
113.            ins = Instantiate(bomb, transform.position + new Vector3(x, 0, z), Random.rotation) as GameObject;
114.
115.        float power = Random.Range(1.5f, 1.8f) * -Physics.gravity.y * 1.5f * powerScale;
116.        Vector3 direction = new Vector3(-x * 0.05f * Random.Range(0.3f, 0.8f), 1, 0);
117.        direction.z = 0f;
118.
119.        ins.GetComponent<Rigidbody>().velocity = direction * power;
120.        ins.GetComponent<Rigidbody>().AddTorque(Random.onUnitSphere * 0.1f, ForceMode.Impulse);
121.    }
122.
123.    void OnTriggerEnter(Collider other)      // 当其他对象进入触发器时，销毁这个对象
124.    {
125.        Destroy(other.gameObject);
126.    }
127. }
```

图 6-25（续）

最后，将该脚本挂载到 FruitDispenser 对象上，如图 6-26（a）所示。设置 Bomb 的属性值，如图 6-26（b）所示。

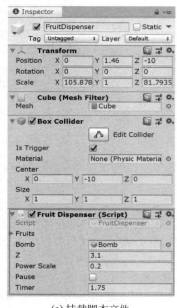

(a) 挂载脚本文件

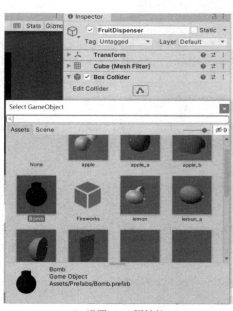

(b) 设置Bomb属性值

图 6-26　挂载水果发射器脚本并设置属性值

单击场景运行按钮，可以看到苹果、炸弹、柠檬被先后从场景底部发射出来，如图 6-27 所示。

(a) 苹果和炸弹先后被发射出来　　　　　　(b) 柠檬被随后发射出来

图 6-27　水果发射器运行效果

6.8　综合项目实战 5——切割轨迹

6.8.1　添加运动轨迹组件

本小节将实现游戏运行过程中切割水果时的轨迹效果。当水果发射出来后，滑动鼠标光标可以在屏幕上显示切割轨迹效果。为了让鼠标光标在场景中留下运动轨迹，首先创建一个空的游戏对象，并将其重命名为 Trail，如图 6-28（a）所示。在 Trail 对应的 Inspector 窗口中，单击 Add Component 按钮，添加线渲染器组件 Line Renderer，如图 6-28（b）所示。

(a) 创建游戏对象 Trail　　　　　　(b) 添加 Line Renderer 组件

图 6-28　创建游戏对象 Trail 并添加组件

对 Line Renderer 组件下线条轨迹的宽度、颜色等属性值进行设置，并单击 Materials 属性框后面的圆形按钮，从弹出的窗口中选择 trail 材质，如图 6-29 所示。

虚拟现实程序设计（C# 版）

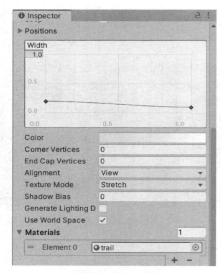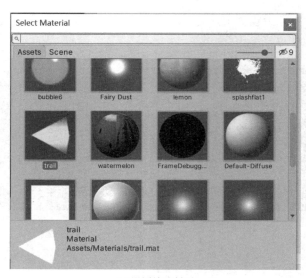

(a) 设置轨迹线条宽度颜色　　　　　　(b) 设置轨迹材质

图 6-29　设置 Line Renderer 组件属性

6.8.2　创建脚本文件

接下来通过脚本文件实现切割水果时的轨迹效果。在 Scripts 文件下创建 MouseControl 脚本文件，用于控制鼠标操作，包括绘制轨迹、检测碰撞处理等，如图 6-30 所示。

图 6-30　创建 MouseControl 脚本文件

6.8.3　编辑脚本文件

双击打开 MouseControl 脚本文件进行代码编辑。如图 6-31 所示，Update( ) 方法中第 75 行与第 76 行代码主要用来获取鼠标光标位置；第 78 行与第 79 行代码用来检测鼠标的单击和释放状态；第 81 行代码是监测是否发生鼠标左键按下事件；第 87~94 行代码调用 Control( ) 方法处理轨迹的控制，根据条件更新线段的颜色和透明度。第 97~168 行代码的 Control( ) 方法主要用来进行轨迹的起始位置射线检测，根据鼠标单击和拖动状态确定是否开始新的轨迹；当用户拖动光标时（第 115 行），通过采样（sample）判断是否需要在轨迹上增加新的点；当轨迹的透明度大于 0.5 时（第 136 行），进行射线检测，判断轨迹是否与游戏对象相交，再根据时间和轨迹状态更新轨迹点。

156

```
1.    using UnityEngine;
2.    using System.Collections;
3.
4.    public class MouseControl : MonoBehaviour {
5.
6.        Vector2 screenInp;
7.
8.        bool fire = false;
9.        bool fire_prev = false;
10.       bool fire_down = false;
11.       bool fire_up = false;
12.
13.       public LineRenderer trail;
14.
15.       Vector2 start, end;
16.
17.       Vector3[] trailPositions = new Vector3[10];
18.
19.       int index;
20.       int linePart = 0;
21.       float lineTimer = 1.0f;
22.
23.       float trail_alpha = 0f;
24.       int raycastCount = 10;
25.
26.       //积分
27.       public int points;
28.
29.       bool started = false;
30.
31.       //果汁效果预制体
32.       public GameObject[] splashPrefab;
33.       public GameObject[] splashFlatPrefab;
34.
35.       void Start () {
36.
37.       }
38.
39.       void BlowObject(RaycastHit hit)
40.       {
41.           if (hit.collider.gameObject.tag != "destroyed")
42.           {
43.               //生成切开的水果的部分
44.               hit.collider.gameObject.GetComponent<ObjectKill>().OnKill();
45.
```

图 6-31 切割轨迹脚本代码

```
46.          // 删除切到的水果
47.          Destroy(hit.collider.gameObject);
48.
49.          if (hit.collider.tag == "red") index = 0;
50.          if (hit.collider.tag == "yellow") index = 1;
51.          if (hit.collider.tag == "green") index = 2;
52.
53.          // 水果泼溅效果
54.      if (hit.collider.gameObject.tag != "bomb")
55.      {
56.          Vector3 splashPoint = hit.point;
57.          splashPoint.z = 4;
58.          Instantiate(splashPrefab[index], splashPoint, Quaternion.identity);
59.          splashPoint.z += 4;
60.          Instantiate(splashFlatPrefab[index], splashPoint, Quaternion.identity);
61.      }
62.
63.          // 切到炸弹
64.          if (hit.collider.gameObject.tag != "bomb") points++; else points -= 5;
65.          points = points < 0 ? 0 : points;
66.
67.          hit.collider.gameObject.tag = "destroyed";
68.      }
69.      }
70.
71.  void Update () {
72.
73.      Vector2 Mouse;
74.
75.      screenInp.x = Input.mousePosition.x;
76.      screenInp.y = Input.mousePosition.y;
77.
78.      fire_down = false;
79.      fire_up = false;
80.
81.      fire = Input.GetMouseButton(0);
82.      if (fire && !fire_prev) fire_down = true;
83.      if (!fire && fire_prev) fire_up = true;
84.      fire_prev = fire;
85.
86.      // 控制画线
87.      Control();
88.
89.      // 设置线段的相应颜色
90.      Color c1 = new Color(1, 1, 0, trail_alpha);
```

图 6-31（续）

```
91.          Color c2 = new Color(1, 0, 0, trail_alpha);
92.          trail.SetColors(c1, c2);
93.
94.          if (trail_alpha > 0) trail_alpha -= Time.deltaTime;
95.      }
96.
97.      void Control()
98.      {
99.          //线段开始
100.         if (fire_down)
101.         {
102.             trail_alpha = 1.0f;
103.
104.             start = screenInp;
105.             end = screenInp;
106.
107.             started = true;
108.
109.             linePart = 0;
110.             lineTimer = 0.25f;
111.             AddTrailPosition();
112.         }
113.
114.         //鼠标拖动中
115.         if (fire && started)
116.         {
117.             start = screenInp;
118.
119.             var a = Camera.main.ScreenToWorldPoint(new Vector3(start.x, start.y, 10));
120.             var b = Camera.main.ScreenToWorldPoint(new Vector3(end.x, end.y, 10));
121.
122.             //判断用户的光标（触屏）移动大于0.1后，认为这是一个有效的移动，就可以进行一次"采样"
123.             if (Vector3.Distance(a, b) > 0.1f)
124.             {
125.                 linePart++;
126.                 lineTimer = 0.25f;
127.                 AddTrailPosition();
128.             }
129.
130.             trail_alpha = 0.75f;
131.
132.             end = screenInp;
133.         }
134.
135.         //当线的 alpha 值大于 0.5 时，可以做射线检测
```

图 6-31（续）

```
136.        if (trail_alpha > 0.5f)
137.        {
138.          for (var p = 0; p < 8; p++)
139.          {
140.            for (var i = 0; i < raycastCount; i++)
141.            {
142.              Vector3 s = Camera.main.WorldToScreenPoint(trailPositions[p]);
143.              Vector3 e = Camera.main.WorldToScreenPoint(trailPositions[p+1]);
144.              Ray ray = Camera.main.ScreenPointToRay(Vector3.Lerp(s, e, i / raycastCount));
145.
146.              RaycastHit hit;
147.              if (Physics.Raycast(ray, out hit, 100, 1 << LayerMask.NameToLayer("fruit")))
148.              {
149.                BlowObject(hit);
150.              }
151.            }
152.          }
153.        }
154.        if (trail_alpha <= 0) linePart = 0;
155.
156.        // 根据时间加入一个点
157.        lineTimer -= Time.deltaTime;
158.        if (lineTimer <= 0f)
159.        {
160.          linePart++;
161.          AddTrailPosition();
162.          lineTimer = 0.01f;
163.        }
164.        if (fire_up && started) started = false;
165.
166.        // 复制线段的数据到 linerenderer
167.        SendTrailPosition();
168.      }
169.
170.      void AddTrailPosition()
171.      {
172.        if (linePart <= 9)
173.        {
174.          for (int i = linePart; i <= 9; i++)
175.          {
176.            trailPositions[i] = Camera.main.ScreenToWorldPoint(new Vector3(start.x, start.y, 10));
177.          }
178.        }
179.        else
180.        {
181.          for (int ii = 0; ii <= 8; ii++)
```

图 6-31（续）

```
182.        {
183.            trailPositions[ii] = trailPositions[ii + 1];
184.        }
185.
186.        trailPositions[9] = Camera.main.ScreenToWorldPoint(new Vector3(start.x, start.y, 10));
187.    }
188.  }
189.
190.    void SendTrailPosition( )
191.    {
192.      var index = 0;
193.      foreach(Vector3 v in trailPositions)
194.      {
195.        trail.SetPosition(index, v);
196.        index++;
197.      }
198.    }
199. }
```

图 6-31（续）

6.8.4 挂载脚本文件

将 Mouse Control 脚本文件挂载到游戏对象 Game 上，如图 6-32 所示，到目前为止，游戏对象 Game 上共挂载了三个脚本文件：Prepare Level、Timer 和 Mouse Control。

单击场景运行按钮，可以看到游戏开始后，提示语句出现，时间开始倒计时，水果从发射器发射出来到落下的期间，随着鼠标光标的滑动，可以看到切割的轨迹为黄色粗线条，如图 6-33 所示。

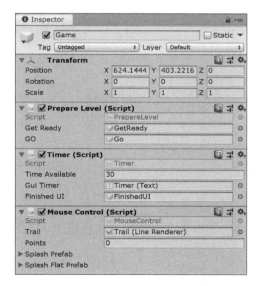

图 6-32　挂载 Mouse Control 脚本文件

图 6-33　切割轨迹效果

161

习　题

一、单选题

1. 关于匿名方法的描述，不正确的是（　　　）。
   A. 使用 delegate 关键字创建
   B. 需要为函数分配名称
   C. 允许定义匿名函数的参数列表和方法体
   D. 常用于创建简短的函数体

2. 关于 Lambda 表达式的描述，不正确的是（　　　）。
   A. 是一种创建匿名函数的方式
   B. Lambda 语句主体中可以包含多个任意数量的语句
   C. Lambda 表达式的参数数量必须和委托的参数数量相同
   D. 如果委托的参数中包括有 ref 或 out 修饰符，Lambda 表达式的参数列表中就不必包括修饰符了

3. 关于单播委托的说法，不正确的是（　　　）。
   A. 是一种用于事件处理和回调机制的委托类型
   B. 只能调用一个方法
   C. 能存储对多个方法的引用
   D. 允许将方法引用传递给其他方法

4. 关于多播委托的说法，不正确的是（　　　）。
   A. 调用多播委托时可以根据用户需求顺序调用各个方法
   B. 允许一个委托与多个方法关联
   C. 可以同时引用多个方法
   D. 通过调用委托一次来触发多个方法的执行

5. 关于事件的说法，不正确的是（　　　）。
   A. 使用事件来实现操作间的通信　　　　B. 通常在类中声明和生成
   C. 在声明时不必定义事件的委托类型　　D. 使用关键字 event 声明事件

二、填空题

1. 委托的实例化主要包括＿＿＿＿＿＿实例化委托、＿＿＿＿＿＿实例化委托和＿＿＿＿＿＿实例化委托三种方法。

2. 通常使用＿＿＿＿＿＿关键字进行常规实例化委托。

3. 匿名函数是一种无须＿＿＿＿＿＿函数名称的函数，通常用于在代码中定义和传递＿＿＿＿＿＿函数或委托。

4. Lambda 语句一般都包含在＿＿＿＿＿＿当中，Lambda 表达式使用＿＿＿＿＿＿操作符，它允许定义匿名函数的＿＿＿＿＿＿和表达式体，编译器会＿＿＿＿＿＿推

断参数类型。

5. 委托可以通过＿＿＿＿＿＿＿＿来触发它引用的方法。

6. 通常使用委托变量和＿＿＿＿＿＿＿＿方法来触发委托。

7. 使用＿＿＿＿＿＿＿＿运算符可以将方法引用添加到多播委托，使用＿＿＿＿＿＿＿＿运算符可以将方法引用从多播委托中移除。

8. Event 事件一般在＿＿＿＿＿＿＿＿中声明和生成，在声明时必须定义该事件的＿＿＿＿＿＿＿＿。

三、简答题

1. 简述委托与类的区别。

2. 简述委托与事件的区别。

第 7 章

集合与泛型

集合就像是一种容器，可用于存储、获取、操作对象。如果集合中不使用泛型，意味着在其中可以添加任意类型的对象。当用户需要具体用到某一个类型时，必须强制进行类型转换才可以得到，这样就可能引发异常。泛型则可以将类型作为参数传递给类、结构、接口和方法，为开发者提供了一种高性能的编程方式，可以最大限度地重用代码、保护类型安全性以及提高性能。

7.1 集合概述

集合是用于存储和管理一组具有相同性质的对象，提供了比数组更灵活和强大的功能，使得数据的操作和管理更为方便，可以分为泛型集合和非泛型集合两大类。这些集合类型提供了不同的性能和功能特性，用户可以根据需要灵活地选择最合适的集合类型来管理和操作数据。

7.2 非泛型集合

非泛型集合位于 System.Collection 命名空间，它可以存储多种类型的对象，其中最常用的是 ArrayList 集合和 Hashtable 集合。

（1）ArrayList：ArrayList 是一个动态数组，可以存储不同类型的元素。它可以自动调整大小以容纳不同类型的元素，允许在运行时添加或删除元素。由于它存储对象，需要进行拆箱和装箱操作。

（2）Hashtable：Hashtable 是一个键值对集合，用于存储一对一关系的元素，使用键访问元素，键和值都是 object 类型。

（3）Queue：Queue 表示一个先进先出（FIFO）的集合，使用 Enqueue( )方法添加元素，使用 Dequeue( )方法移除并返回元素，适用于需要按顺序处理元素的情况，例如任务队列。

（4）Stack：Stack 表示一个后进先出（LIFO）的集合，使用 Push() 方法添加元素，使用 Pop() 方法移除并返回元素，适用于需要按相反顺序处理元素的情况，例如表达式求值。

非泛型集合是指在泛型概念引入之前的 .NET 框架版本中使用的集合类。这些集合类存储的是 object 类型，在访问集合中的元素时需要进行拆箱和装箱操作，这可能会导致性能损失。非泛型集合在引入泛型之前常用，随着泛型的引入及其在类型安全性和性能方面的优势，更推荐使用泛型集合。

7.2.1 ArrayList 集合

ArrayList 是典型的非泛型集合，类似于数组，相对于数组的单一存储类型，ArrayList 可以容纳不同类型的对象，例如，可以将 int、string、object 等类型对象同时加入 ArrayList 集合中。数组的长度是固定的，ArrayList 的容量则可以根据需要自动地扩充，ArrayList 集合提供了一系列添加、删除、移动、修改、查询元素等操作方法，它的索引会根据程序的扩展而重新分配和调整，因此在定义的时候可以指定容量，也可以不指定容量。虽然 ArrayList 在泛型集合引入之前是非常常用的，但由于它存储的是 object 类型，所以在使用时需要进行拆箱和装箱操作，可能导致性能损失，目前已经很少使用了。

7.2.2 Hashtable 集合

Hashtable 是 C# 中另一个非泛型集合，用于存储键值对。Hashtable 的主要概念如下所示。

（1）键值对存储：Hashtable 是一种键值对集合，每个键都与一个唯一的值相关联，键和值都可以是任意 object 类型。

（2）快速检索：Hashtable 提供了一种快速检索机制，允许用户通过键访问相关联的值。这种检索是基于哈希表实现的，理想情况下，检索操作的性能是常数时间。由于 Hashtable 存储的是 object 类型，需要在检索值时进行显式的类型转换。

（3）动态调整大小：Hashtable 会动态调整自身的大小以适应存储的元素数量。当元素数量增加时，Hashtable 会自动重新调整内部的哈希表，以保持高效的性能。

（4）无序集合：Hashtable 中的元素是无序存储的，不会按照添加的顺序排列。

7.3 泛型集合

泛型集合位于 System.Collection.Generic 命名空间，只能存储一种类型的对象。泛型集合是使用泛型类型参数定义的，允许在编译时指定集合中元素的类型，从而提高类型安全性，并减少在运行时进行拆箱和装箱操作的需求，因而提供了更强大、类型更安全的集合操作。最常用的泛型集合类是 List<T> 泛型集合和 Dictionary<TKey, TValue> 泛型集合。

（1）List<T>：List<T> 是一个存储特定类型元素的泛型集合，提供了与数组类似的功能，并且允许动态调整大小。

（2）Dictionary<K，V>：Dictionary<K，V> 是一个键值对的集合，用于存储一对一关系的元素，提供了基于键的快速检索，适用于需要通过唯一键访问元素的情况。

（3）HashSet<T>：HashSet<T> 是一个不包含重复元素的集合，可以提供高效的查找和插入操作，适用于需要存储唯一元素的情况。

（4）Queue<T>：Queue<T> 表示一个先进先出（FIFO）的集合，适用于需要按顺序处理元素的情况。

（5）Stack<T>：Stack<T> 表示一个后进先出（LIFO）的集合，适用于需要按相反顺序处理元素的情况。

泛型集合提供了更好的类型安全性，避免了运行时类型错误，并且减少了性能开销，是 C# 中集合操作的首选方法。

7.3.1　List<T> 泛型集合

List<T> 是 C# 中使用最广泛的泛型集合，被广泛用于存储同一类型的元素。List<T> 提供了丰富的功能，使得在处理同类型元素的集合时非常方便，是一种灵活、高效且易用的集合类型，适用于许多不同的编程场景。List<T> 的基本用法和特性如下所示。

（1）创建和初始化：使用 List<T>，首先需要创建一个实例，可以通过声明一个新的列表并调用其构造函数来完成。

（2）添加元素：使用 Add( ) 方法可以将元素添加到列表的末尾，例如 numbers.Add(1)。

（3）访问元素：通过索引可以访问列表中的元素。

（4）获取列表长度：使用 Count 属性可以获取列表中元素的数量。

（5）遍历列表：使用 foreach 循环可以轻松地遍历列表中的元素。

（6）插入和删除元素：Insert( ) 方法可以在指定索引处插入元素，而 Remove( ) 方法可以删除第一个匹配的项。

（7）判断元素是否存在：使用 Contains( ) 方法可以检查列表中是否包含特定的元素。

（8）查找元素的索引：IndexOf( ) 方法可以用来查找元素的索引。

（9）清空列表：Clear( ) 方法可以清空整个列表。

（10）使用 Lambda 表达式进行筛选：使用 LINQ 中的 Where( ) 方法可以方便地通过 Lambda 表达式进行筛选。

（11）使用其他集合初始化 List<T>：可以通过传递其他集合类型（如数组）来初始化列表。

（12）排序列表：Sort( ) 方法可以用系统默认的方式对列表进行排序。

7.3.2　Dictionary<TKey, TValue> 泛型集合

Dictionary<TKey, TValue> 是 C# 中的泛型集合，提供了高效的键值对存储和检索机制，允许开发者通过唯一的键快速访问与之相关联的值。Dictionary<TKey, TValue> 的基本用

法和特性如下所示。

（1）键值对存储：Dictionary<TKey, TValue> 是一种键值对集合，每个键都唯一对应一个值，这种关联关系允许通过键快速检索和访问相应的值。

（2）创建和初始化：通过指定键和值的数据类型，可以创建一个新的 Dictionary 实例。

（3）添加和访问元素：使用 Add( ) 方法可以向字典中添加新的键值对，通过键可以访问与之相关联的值。

（4）安全的值访问：在脚本中为了避免访问不存在的键引发异常，可以使用 TryGetValue( ) 方法返回一个布尔值表示是否成功获取值。

（5）获取键和值的集合：使用 Keys 和 Values 属性可以获取字典中所有的键和值的集合。

（6）删除键值对：使用 Remove( ) 方法可以删除字典中的键值对。

（7）判断键是否存在：使用 ContainsKey( ) 方法可以检查字典中是否包含特定的键。

（8）遍历字典：使用 foreach 循环可以方便地遍历字典中的键值对。

（9）使用 LINQ 进行筛选和转换：字典可以通过 LINQ 查询语句进行筛选和转换，从而创建新的字典。

（10）清空字典：使用 Clear( ) 方法可以清空整个字典。

7.4 集合的实战演练

本节将对不同类型的集合进行添加、删除、修改、查询等基本操作，涵盖了 ArrayList、List<T>、Stack、Queue 以及 HashTable 等常见集合类型的基本操作。如图 7-1 中代码所示，代码中使用了注释来灵活开启或关闭某些操作，方便测试不同的功能。hashtable 是 system.collection 命名空间提供的一个集合，可以将数组作为一组键（key）值（value）来存储，其中 key 通常可以用来快速查找，key 区别大小写，value 用于存储对应的 key 值。HashTable 中键值对均为 object 类型，可以支持任意类型的键值对，但是 key 必须是唯一的，可以向 hashtable 中自由添加和删除元素。

```
1.   using System;
2.   using System.Collections;
3.   using System.Collections.Generic;
4.
5.   namespace SetApp1
6.   {
7.       class TestSet
8.       {
9.           ArrayList list = new ArrayList();
10.          List<string> arr = new List<string>();
```

图 7-1　集合事件示例代码

```
11.        public void Write()
12.        {
13.            // 添加
14.            Console.WriteLine(" 修改之前 ");
15.            //1. 添加单个数据
16.            list.Add(" 张三 ");
17.            //2. 批量添加数据
18.            list.AddRange(new string[] {" 李四 ", " 王五 ", "1", "2", "2", "9" });
19.            //3. 指定下标添加数据
20.            list.Insert(1, " 嘴三半 ");
21.            // 在指定位置批量添加多个数据
22.            list.InsertRange(2,new string[] {" 王三半 1", " 宫向南 "});
23.            for (int i = 0; i < list.Count; i++)
24.            {
25.                Console.WriteLine(list[i]);
26.            }
27.            Console.WriteLine("-----------------------------");
28.            // 删除
29.            // 1. 删除单条数据
30.            // list.Remove(" 张三 ");
31.            // 2. 批量删除多条数据
32.            // list.RemoveRange(2, 3);
33.            // 3. 指定删除下标元素
34.            // list.RemoveAt(1);
35.            // for (int i = 0; i < list.Count; i++)
36.            // {
37.            //     Console.WriteLine(list[i]);
38.            // }
39.            // 4. 删除全部元素
40.            // list.Clear;
41.            Console.WriteLine(" 修改之后 ");
42.            // 修改数据
43.            //1. 通过下标来修改一个元素
44.            list[0] = " 张四 ";
45.            //2. 批量修改数据
46.            list.SetRange(2,new string[] {"1" , "2"});
47.
48.            for (int i = 0; i < list.Count; i++)
49.            {
50.                Console.WriteLine(list[i]);
51.            }
52.            Console.WriteLine("-----------------------------");
53.
54.
55.            // 查询数据
```

图　7-1（续）

```
56.        // 1. 用 foreach 循环查询数据
57.        // foreach (var item in list)
58.        // {
59.        //     Console.WriteLine(item);
60.        // }
61.        // 2. 用 for 循环查询数据
62.
63.    // 栈（stack）先进后出
64.    // 队列（queue）先进先出
65.      }
66.
67.      static void Main(string[] args)
68.      {
69.          Console.WriteLine("--------- 栈 --------");
70.          Stack s = new Stack( );
71.          Console.WriteLine( );
72.          // 向栈存储一些元素，压栈
73.
74.          s.Push("a");
75.          s.Push("b");
76.          s.Push("c");
77.
78.          // 要取栈里面的元素，获取栈顶的元素
79.          Console.WriteLine(" 获取栈顶的元素 :");
80.          object obj = s.Peek( );
81.          Console.WriteLine(obj);
82.
83.          // 将栈顶的元素出栈，返回刚刚出栈的元素
84.          Console.WriteLine(" 返回出栈的元素： ");
85.          object p = s.Pop( );
86.          Console.WriteLine(p);
87.
88.          // 输出栈里面的全部元素
89.          Console.WriteLine(" 循环输出全部的元素： ");
90.          foreach (object obj1 in s) {
91.              Console.WriteLine(obj1);
92.          }
93.
94.
95.          Console.WriteLine("-------- 队列 -------");
96.          Queue q = new Queue( );
97.          Console.WriteLine( );
98.          // 将元素依次添加到队列中
99.          q.Enqueue("a");
100.         q.Enqueue("b");
```

图   7-1（续）

```
101.        q.Enqueue("c");
102.
103.        //获取栈顶的元素
104.        Console.WriteLine(" 获取栈顶的元素 ");
105.        object equ = q.Peek();
106.        Console.WriteLine(equ);
107.
108.        //将首位元素移除队列，删除这个元素
109.        Console.WriteLine(" 将首位元素 移除队列  删除这个元素 ");
110.        object dqu = q.Dequeue();
111.        Console.WriteLine(dqu);
112.        //循环输出队列里的全部元素
113.        Console.WriteLine(" 循环输出队列里的全部元素 ");
114.        foreach (object obj2 in q)
115.        {
116.            Console.WriteLine(obj2);
117.        }
118.
119.        //Hashtable 类
120.        /* 键值对（key，value）
121.          key 不能重复，value 可以重复
122.          可以自动排序
123.        */
124.        // 声明一个 hashtable
125.        Console.WriteLine("------------hashtable------------");
126.        Hashtable h = new Hashtable();
127.        //添加一对键值对
128.        h.Add("name", " 李 XX");
129.        h.Add("age", 12);
130.        h.Add("sex", " 男 ");
131.        h.Add("address", " 阳泉市 ");
132.
133.        //根据键修改
134.        h["name"] = " 小阳 ";      //键如果存在，正常修改
135.        h["job"] = " 学生 ";        //键不存在，相当于添加一对键值对
136.
137.        //删除，根据键直接删除一对键值对
138.        h.Remove("sex");
139.
140.        //Hashtable 里面存在了，返回 true；如果不存在了，返回 false
141.        Console.WriteLine("Hashtable 里面存在了，返回 true；如果不存在了，返回 false");
142.        Boolean b = h.Contains("age");
143.        Console.WriteLine(b);
144.
145.        Boolean b1 = h.Contains("sex");
```

图 7-1（续）

```
146.        Console.WriteLine(b1);
147.        Console.WriteLine();
148.        //查询 Hashtable 里面的所有内容
149.        Console.WriteLine(" 查询 Hashtable 里面的所有内容 ");
150.        foreach (DictionaryEntry dae in h)
151.        {
152.            object obj1 = dae.Key;
153.            object obj2 = dae.Value;
154.            Console.WriteLine("{0}----{1}",obj1,obj2);
155.        }
156.        Console.WriteLine();
157.        //遍历 所有的 键
158.        Console.WriteLine(" 遍历 所有的键 (key)");
159.        foreach (object ob in h.Keys)
160.        {
161.            Console.WriteLine(ob);
162.        }
163.        Console.WriteLine();
164.
165.        //遍历所有的值
166.        Console.WriteLine(" 遍历所有的值（value）");
167.        foreach (object ob1 in h.Values)
168.        {
169.            Console.WriteLine(ob1);
170.        }
171.        Console.ReadLine();
172.    }
173. }
174. }
```

图 7-1（续）

编译图 7-1 中的代码，运行结果如图 7-2 所示。

```
---------- 栈 ----------
获取栈顶的元素：
c
返回出栈的元素：
c
循环输出全部的元素：
b
a
---------- 队列 ----------

获取栈顶的元素
a
将首位元素 移除队列 删除这个元素
```

图 7-2 集合事件代码的运行结果

```
a
循环输出队列里的全部元素
b
c
----------Hashtable----------
Hashtable 里面存在了，返回 true；如果不存在了，返回 false
True
False

查询 Hashtable 里的所有内容
job---- 学生
age----12
address---- 阳泉市
name---- 小阳

遍历所有的键（key）
job
age
address
name

遍历所有的值（value）
学生
12
阳泉市
小阳
```

图 7-2（续）

7.5 泛型集合实战演练

List<T> 是 C# 中的泛型集合，属于一种强类型，不会造成性能上的浪费。List 通过索引分配，索引跟数组一样从 0 开始，可以通过索引来读取数据。如图 7-3 中代码所示，列表会有相同的项，但是在排序时必须为手动。

```
var a=new List<int>();
a.Add(12);
a.Add(10);
Console.WriteLine(a[0]);
```

图 7-3 列表集合代码

当项改变之后，需要注意其项的索引也会发生变化，如图 7-4 中代码所示。

创建一个 List，并通过索引来进行分配和读取值，如图 7-5 中代码所示。

```
var a=new List<int>( );
a.Add(12);
a.Add(10);
Console.WriteLine(a[0]);
a.Remove(12);
Console.WriteLine(a[0]);
```

图 7-4　列表项改变后代码

```
1.    using System;
2.    using static System.Console;
3.    using System.Collections.Generic;
4.    namespace HelloWorldApplication
5.    {
6.      class HelloWorld
7.      {
8.        static void Main(string[] args)
9.        {
10.         var a=new List<int>( );
11.         a.Add(2);
12.         a.Add(6);
13.         a.Add(2);
14.         a.Add(10);
15.         Console.WriteLine($" 第一个数为 {a[0]}");
16.         a.Remove(2);      //删去第一个匹配此条件的项
17.         a.Sort( );
18.         foreach(var a2 in a)
19.         {
20.            WriteLine(a2);
21.         }
22.         bool a3=a.Contains(2);
23.         WriteLine(a3);
24.         Console.ReadKey( );
25.       }
26.     }
27.   }
```

图 7-5　列表的创建和读取值

7.6　综合项目实战 6——切割泼溅效果

　　本节实战的任务是实现游戏过程中切割水果时的泼溅效果。当水果发射出来后，滑动鼠标进行水果的切割，当切割轨迹与水果相交时，触发切割事件，显示水果被切割后喷洒出果汁的泼溅效果。

7.6.1 创建脚本文件

在 Scripts 文件夹下创建一个新的脚本文件并重命名为 ObjectKill，如图 7-6 所示，用于实现水果对象销毁时生成指定的预制体及相应的物理效果。

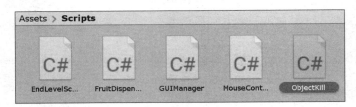

图 7-6　新建 OjectKill 脚本文件

7.6.2 编辑脚本文件

双击打开 ObjectKill 脚本文件，编辑代码，如图 7-7 所示。第 12 行代码声明了一个公共类型的数组 prefab，用于存储游戏对象的预制体。第 14 行代码是声明一个公共浮点数类型的变量 scale，用于控制生成的游戏对象的旋转力度。第 16~34 行代码的 OnKill() 方法用于实现销毁对象、生成预制体的功能：第 18 行代码通过逻辑语句判断对象是否已被销毁，如果已经被销毁，则直接返回；第 20 行代码是在执行第 18 行语句判断对象没有被销毁时执行的，是使用一个 foreach 语句循环访问 prefab 数组（或集合）中的元素；foreach 语句只能用于实现 IEnumerable 或 IEnumerable<T> 接口的集合类型。第 21~30 行代码是销毁当前对象的同时，获取当前对象位置，并在该对象的位置生成一组预制体，同时为每个生成的预制体施加一个随机的扭矩力，使其可以模拟真实受力作用下的旋转情景。第 33 行代码则及时更新已销毁的对象状态，以便程序进行下一个对象销毁状态的判定。在游戏开发中，这样的脚本可用于实现敌人被击败时的效果，或者应用在其他一些销毁对象并生成新对象的场景中。

```
1.    using UnityEngine;
2.    using System.Collections;
3.    namspace SetApp1
4.    {
5.
6.        public class ObjectKill : MonoBehavior
7.        {
8.            // 定义 objectKill 的 C#类，该类继承 MonoBehavior，MonoBehavior 是所有与游戏对象交互的
                // Unity 脚本基类，提供各种方法来实现游戏行为
9.
```

图 7-7　切割泼溅效果脚本代码

```
10.       bool killed = false;                          // 声明一个名为 killed 的布尔变量，初始值为 false
11.
12.       public GameObject[] prefab;                   // 声明一个公共数组 prefab，用于存储游戏对象的预制体
13.
14.       public float scale = 1f;                       // 声明一个公共浮点数 scale，表示生成的游戏对象旋转力
                                                         // 度的缩放因子，默认值为 1
15.
16.       public void OnKill()                           // 定义了一个公共方法 OnKill()，用于销毁对象生成的预制体
17.       {
18.         if (killed) return;                          // 首先检查是否已经销毁，如果已经被销毁，则直接返回
19.
20.         foreach(GameObject go in prefab)             // 使用 foreach 循环遍历 prefab 数组，对每一个预制体进行
                                                         // 实例化，并将其位置设置为当前对象的位置，旋转为随
                                                         // 机旋转
21.         {
22.           GameObject ins = Instantiate(go, transform.position, Random.rotation) as GameObject;
23.
24.           Rigidbody rd = ins.GetComponent<Rigidbody>();   // 实例化游戏对象，获取其 Rigidbody 组件，
                                                              // 如果该组件存在，给它一个随机速度，并
                                                              // 施加一个随机的扭矩力
25.           if (rd != null)
26.           {
27.             rd.velocity = Random.onUnitSphere + Vector3.up;
28.             rd.AddTorque(Random.onUnitSphere * scale, ForceMode.Impulse);
29.           }
30.         }
31.
32.
33.         killed = true;                               // 将 killed 设置为 true, 表示对象已经被销毁
34.       }
35.     }
36. }
```

图　7-7（续）

7.6.3　挂载脚本文件

将 ObjectKill 脚本文件挂载在 Game 对象上，如图 7-8 所示。

单击场景运行按钮，查看脚本实现效果，如图 7-9 所示，当水果被鼠标切割到时，会有果汁喷洒的效果。

图 7-8　挂载 OjectKill 脚本文件

(a) 切割西瓜时的泼溅效果　　　　　　　　(b) 切割苹果时的泼溅效果

图 7-9　切割泼溅效果

一、单选题

1. 关于集合的说法，不正确的是（　　　）。

　　A. 用于存储和管理一组具有相同性质的对象

　　B. 比数组更灵活

　　C. 可分为泛型集合和非泛型集合两大类

　　D. 实际数据的操作和管理比较困难

2. 关于 ArrayList 的说法，不正确的是（　　　）。

　　A. 可以存储不同类型的元素

　　B. 存储的是对象，需要进行拆箱和装箱操作

　　C. 容量可以根据需要自动扩充

　　D. 定义时不能指定容量

Start176

3. 关于 Hashtable 的说法，不正确的是（　　　　）。

    A. 是一个键值对集合　　　　　　　　　B. 可以存储一对多关系的元素

    C. 使用键访问元素　　　　　　　　　　D. 键和值都是 object 类型

4. 关于 List<T> 的说法，不正确的是（　　　　）。

    A. 是一个存储特定类型元素的泛型集合　B. 与数组功能类似

    C. 允许动态调整大小　　　　　　　　　D. 无法对其中的元素执行排序操作

5. 关于 Dictionary<TKey, TValue> 的说法，不正确的是（　　　　）。

    A. 提供了高效的键值对存储和检索机制　B. 每个键对应一个或多个值

    C. 键值对可以进行删除　　　　　　　　D. 键是唯一的

6. 关于泛型集合的说法，不正确的是（　　　　）。

    A. 可以提高类型的安全性

    B. 能减少性能开销

    C. 是集合操作的首选方法

    D. 访问集合中的元素时需要进行拆箱和装箱操作

二、填空题

1. 非泛型集合位于＿＿＿＿＿＿＿＿命名空间。

2. 最常用的非泛型集合是＿＿＿＿＿＿＿集合和＿＿＿＿＿＿＿集合。

3. 泛型集合位于＿＿＿＿＿＿＿＿命名空间。

4. 最常见的泛型集合是＿＿＿＿＿＿＿泛型集合和＿＿＿＿＿＿＿泛型集合。

三、简答题

1. 简述集合的概念及种类。

2. 为什么在 C# 集合操作中推荐使用泛型集合？

第8章

常用接口

在 C# 中，接口是一种定义了一组相关方法、属性和事件的合约。通过使用接口，可以实现类之间的松耦合，使代码更具灵活性和可扩展性。本章将学习 C# 中的一些重要接口：IEnumerator、ICollection 和 IList。

8.1　IEnumerator 接口

IEnumerable 是 C# 中的一个核心接口，属于 System.Collections 命名空间，它定义了一个用于遍历集合的枚举器（enumerator），是集合类的基础接口。IEnumerable 接口只定义了一个方法 GetEnumerator( )，用于返回一个实现 IEnumerator 接口的枚举器。枚举器提供了对集合中元素的逐个访问，以此来实现对集合的迭代。使用 IEnumerable 接口可以使用户的集合类通过 foreach 循环来遍历。foreach 循环会自动调用集合的 GetEnumerator( ) 方法，然后使用枚举器来逐个访问集合中的元素，而无须了解底层数据结构或实现细节，使代码更具可读性和可维护性。

图 8-1 中的代码展示了如何在 C# 中使用 GetEnumerator( ) 方法。

```
1.   public class Product : IEnumerable
2.   {
3.       public IEnumerator GetEnumerator( )
4.       {
5.           throw new NotImplementedException();
6.       }
7.   }
```

图 8-1　使用 GetEnumerator( ) 方法

8.2　ICollection 接口

ICollection 也是 C# 中的一个接口，属于 System.Collections 命名空间，用于表示一般的非泛型集合。它提供了一组方法，允许对集合进行添加、删除和检索元素等操作。

ICollection 接口派生自 IEnumerable 接口，因此它也包括 GetEnumerator( ) 方法，可以使用 foreach 循环来遍历集合中的元素。

图 8-2 中的代码展示了定义 ICollection 接口的方法，它继承自 IEnumerable 接口，提供了同步处理、赋值及返回内含元素数目的功能。

```
public interface ICollection : System.Collections.IEnumerable
```

图 8-2　ICollection 接口定义方法

8.3　IList 接口

IList 是 C# 中的一个接口，属于 System.Collections 命名空间，它定义了一组用于访问和操作列表的方法和属性。IList 接口继承自 ICollection 接口，用于表示非泛型集合，可以通过索引对列表、数组等结构中的元素进行增删改查等常见的操作。

8.4　接口实战

创建一个接口示例，示例中接口包含属性声明，类包含实现。实现出 IPoint 的类的任何实例都具有整数属性 x 和 y，如图 8-3 中代码所示。

```
1.    interface IPoint
2.    {
3.        // Property signatures:
4.        int X { get; set; }
5.
6.        int Y { get; set; }
7.
8.        double Distance { get; }
9.    }
10.
11.   class Point : IPoint
12.   {
13.       // Constructor
14.       public Point(int x, int y)
15.       {
16.           X = x;
17.           Y = y;
```

图 8-3　接口实战代码

虚拟现实程序设计（C# 版）

```
18.    }
19.
20.    // Property implementation
21.    public int X { get; set; }
22.
23.    public int Y { get; set; }
24.
25.    // Property implementation
26.    public double Distance =>
27.    Math.Sqrt(X * X + Y * Y);
28.  }
29.
30.  class MainClass
31.  {
32.    static void PrintPoint(IPoint p)
33.    {
34.      Console.WriteLine("x={0}, y={1}", p.X, p.Y);
35.    }
36.
37.    static void Main( )
38.    {
39.      IPoint p = new Point(2, 3);
40.      Console.Write("My Point: ");
41.      PrintPoint(p);
42.    }
43.  }
```

图　8-3（续）

编译图 8-3 所示代码，运行结果如图 8-4 所示。

```
C:\Program Files\dotnet\dotnet.exe
My Point: x=2, y=3
```

图 8-4　接口实战代码的运行结果

8.5　综合项目实战 7——关卡准备逻辑

　　IEnumerable 是 C# 中的一个核心接口，用于支持集合类或其他数据结构的迭代。本节案例脚本和功能与 4.7.2 小节案例相同，可自行编辑并运行代码，体会接口的用法。如图 8-5 中代码所示，为了丰富切水果游戏关卡的准备功能，在第 22 行代码中通过 IEnumerable 接口定义了一个协程处理关卡准备的逻辑。

```
1.   using UnityEngine;
2.   using System.Collections;
3.   using UnityEngine.UI;
4.
5.   public class PrepareLevel : MonoBehaviour {
6.
7.    public GameObject GetReady;              //公共变量，用于指定在游戏场景中的 UI 元素，分别代表
                                               // "GetReady" 和 "GO"
8.    public GameObject GO;
9.
10.     void Awake()                           //对象被创建时被调用
11.     {
12.       GetComponent<Timer>().timeAvailable = SharedSettings.ConfigTime;
                                               //设置了与对象关联的 Timer 组件的 timeAvailable 属性
                                               // 为 SharedSettings.ConfigTime
13.     }
14.
15.     void Start () {                        //在脚本启动时调用
16.
17.       GameObject.Find("GUI/LevelName/LevelName").GetComponent<Text>().text = SharedSettings.
      LevelName[SharedSettings.LoadLevel];    //通过查找 UI 元素设置关卡名字的文本。关卡从
                                               //SharedSettings.LevelName 中获取，根据 SharedSettings.
                                               //LoadLevel 索引来确定
18.       StartCoroutine(PrepareRoutine());    //启动一个协程来执行准备关卡的操作
19.
20.     }
21.
22.     IEnumerator PrepareRoutine()           //定义了一个协程，用于处理关卡准备的逻辑
23.     {
24.       //等待 1 秒
25.       yield return new WaitForSeconds(1.0f);     //等待 1 秒
26.
27.       //显示 GetReady
28.       GetReady.SetActive(true);            //激活 GetReady 元素
29.
30.       //等待 2 秒
31.       yield return new WaitForSeconds(2.0f);     //等待时间为 2 秒
32.       GetReady.SetActive(false);           //关闭 GetReady 元素
33.
34.
35.       GO.SetActive(true);                  //激活 GO 元素
36.
37.       yield return new WaitForSeconds(1.0f);     //激活时间 1 秒
38.       GO.SetActive(false);                 //关闭 GO 元素
39.     }
40.   }
```

图 8-5　关卡准备逻辑功能脚本代码

在 4.7.2 小节运行该脚本代码时，还没有添加 GUI 标签、水果发射器、切割轨迹、切割泼溅等效果，现在运行程序查看效果：游戏开始后，先后出现 Ready 提示符和 GO 提示符，还有水果从底部发射出来，并且游戏 UI 界面上有游戏难度、游戏剩余时间和得分提示，游戏画面感丰富而逼真，如图 8-6 所示。

(a) Ready提示符界面   (b) GO提示符界面

图 8-6　游戏关卡准备逻辑功能运行效果

8.6　综合项目实战 8——关卡结束

游戏关卡结束后，通常会保留一个空的脚本以备将来扩展功能使用，从而使程序具有良好的可读性和可维护性。新建一个脚本文件并重命名为 EndLevelScript，如图 8-7 中代码所示。这段代码是一个空的关卡结束脚本，目前没有定义具体的功能，将来会添加关卡结束界面、计算得分、排名等事件代码，从而便于代码的扩展和管理。

```
1.  //用于处理关卡结束
2.  using UnityEngine;
3.  using System.Collections;
4.
5.  public class EndLevelScript : MonoBehaviour {    //定义名为 MonoBehaviour 的类，继承 MonoBehaviour。
                                                     //这是 Unity 中所有与游戏对象交互的脚本基类
6.      //提供生命周期
7.      void Start () {                              //启用时调用，一般用于初始化操作
8.
9.      }
10.
11.     void Update () {                             //每一帧都会调用，用于处理游戏逻辑
12.
13.     }
14. }
```

图 8-7　关卡结束脚本代码

将 End Level Script 脚本挂载到 Game 对象上即可，如图 8-8 所示。

图 8-8　挂载 End Level Script 脚本文件

习　　题

一、单选题

1. 关于接口的说法，不正确的是（　　　　）。

　　A. ICollection 接口继承自 IEnumerable 接口

　　B. IList 接口继承自 IEnumerable 接口

　　C. IList 接口继承自 ICollection 接口

　　D. IEnumerable 接口仅定义了一个 GetEnumerator( ) 方法

2. 关于 IEnumerable 接口的说法，不正确的是（　　　　）。

　　A. 使用 IEnumerable 接口能使用户通过 foreach 循环遍历

　　B. 使用 foreach 循环需要手动调用集合的 GetEnumerator( ) 方法

　　C. 使用枚举器来逐个访问集合中的元素

　　D. 集合类的基础接口

二、填空题

1. IEnumerable 是 C# 中的一个核心接口，属于＿＿＿＿＿＿＿＿命名空间，它定义了一个用于遍历集合的＿＿＿＿＿＿＿＿，是集合类的基础接口。

2. IEnumerable 接口只定义了一个方法＿＿＿＿＿＿＿＿，用于返回一个实现 IEnumerator 接口的枚举器。

3. 枚举器提供了对集合中元素的＿＿＿＿＿＿＿＿，以此来实现对集合的迭代。

4. 使用 IEnumerable 接口可以使用户的集合类通过＿＿＿＿＿＿＿＿来遍历，它会自动调用集合的＿＿＿＿＿＿＿＿方法，然后使用＿＿＿＿＿＿＿＿来逐个访问集合中的元素，而无须了解底层数据结构或实现细节，使代码更具可读性和可维护性。

5. ICollection 也是 C# 中的一个接口，属于＿＿＿＿＿＿＿命名空间，用于表示一般的＿＿＿＿＿＿＿集合。

6. ICollection 接口派生自＿＿＿＿＿＿＿接口，因此它也包括＿＿＿＿＿＿＿方法，可以使用＿＿＿＿＿＿＿来遍历集合中的元素。

7. IList 接口继承自＿＿＿＿＿＿＿接口，用于表示＿＿＿＿＿＿＿集合，可以通过＿＿＿＿＿＿＿对列表、数组等结构中的元素进行增删改查等常见的操作。

三、简答题

简述 IEnumerable 接口、ICollection 接口和 IList 接口的关系。

第3篇

虚拟现实程序设计进阶

数据结构和算法是计算机科学中两个关系密切的基础概念。数据结构是一种组织和存储数据的方式，而算法则是解决问题的一种方法。计算机程序通常需要处理大量的数据，因此需要一种高效的方式来存储和访问这些数据。数据结构可以提供这种高效的存储和访问方式，例如数组、链表、栈、队列、哈希表、树和图等。算法可以通过对这些数据结构进行操作来解决问题，例如排序、查找、图算法等。通过选择合适的数据结构和算法，可以提高程序的效率和性能，减少计算机资源的浪费。

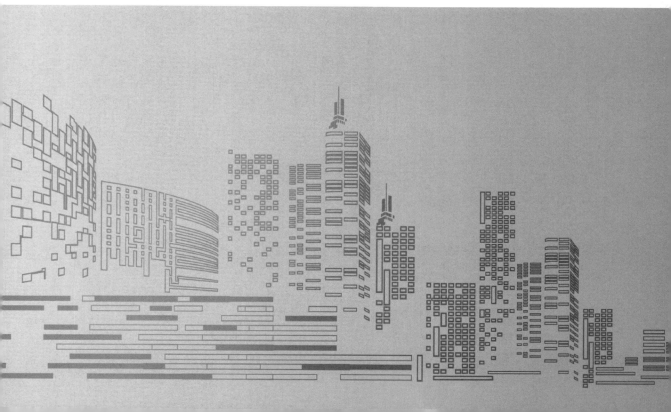

第 9 章

数据结构基础

早期的计算机主要用来处理一些简单的整型、实型、布尔类型等数值计算问题，程序设计者的精力主要集中于程序设计技巧上，无须重视数据结构。随着计算机应用领域的扩大和软硬件的发展，当今非数值计算性问题的处理占据了 85% 以上的机器时间。这类问题涉及的数据结构复杂，数据元素之间的相互关系通常无法用数学方程式加以描述，解决这类问题的关键不再是数学分析和计算方法，而是要设计出合适的数据结构，才能有效地解决问题。

数据结构主要关注数据的组织形式，包括数据类型、数据的组织方式及数据元素之间的关系。数据结构的设计旨在支持高效的存储和检索操作。常见的数据结构包括数组、链表、队列、栈、字典、树、图等。本章主要介绍 C# 中使用较多的队列、栈、链表和字典数据结构。

9.1 队　　列

9.1.1　队列的概述

在 C# 中，队列（Queue）类是一种常见的线性数据结构，代表了一个先进先出（FIFO）的对象集合。当需要按照先进先出的顺序访问元素时，队列是一个有用的数据结构。队列的出口端被称为队头（front），队列的入口端被称为队尾（rear）。入队是指在队尾添加一项，出队是指从队头移除一项。

9.1.2　队列的使用

队列常用于需要按照特定顺序处理任务的场景，例如任务调度、消息传递等。队列是通过 System.Collections 命名空间中的 Queue 类实现的。在使用队列时，首先进入队列的元素将首先被处理，确保了按照加入的顺序进行处理。值得注意的是，队列允许存储 null 值作为引用类型的有效值，并且它可以根据需要自动增加容量，使得适应不同规模的数据。队列类提供了在队列末尾添加元素（Enqueue）、移除队列头部元素（Dequeue）、查看队列头部元素但不移除（Peek）等方法。

1. 创建和初始化

可以通过实例化 Queue 类来创建一个队列对象，如图 9-1 中代码所示，创建了一个名字为 myQueue 的队列。

```
Queue<int> myQueue = new Queue<int>();
```

图 9-1　通过实例化类创建队列

可以使用集合初始化器在创建队列时为其初始化，如图 9-2 中代码所示，创建一个名字为 myQueue 的队列，同时为该队列设置 4 个初始化值。

```
Queue<int> myQueue = new Queue<int>(new[] { 1, 2, 3, 4 });
```

图 9-2　通过集合初始化器进行队列初始化

2. 操作队列元素

使用 Enqueue() 方法可以将一个新元素添加到队列的末尾，如图 9-3 中代码所示，在队列 myQueue 末尾添加一个新元素 5。

```
myQueue.Enqueue(5);
```

图 9-3　在队列末尾添加新元素

Dequeue() 方法可以从队列头部移除元素的同时返回该元素，如图 9-4 中代码所示，移除队列 myQueue 的头部元素并在屏幕上显示出该元素值。

```
int firstElement = myQueue.Dequeue();
```

图 9-4　从队列头部移除元素

Peek() 方法可以只查看而不移除队列头部元素，如图 9-5 中代码所示，查看队列 myQueue 的头部元素，查看后该元素仍在队列头部，并没有被移除。

```
int firstElement = myQueue.Peek();
```

图 9-5　从队列头部查看元素

3. 遍历和检查

Count 属性主要用于获取队列中元素的个数，如图 9-6 中代码所示，获取队列 myQueue 中元素的个数，如果元素的个数数值大于 0，则在屏幕输出提示语 "队列不为空"。

```
1.    if (myQueue.Count > 0)
2.    {
3.        Console.WriteLine(" 队列不为空 ");
4.    }
```

图 9-6　获取队列元素个数

Contains( ) 方法用于检查队列是否包含特定元素, 如图 9-7 中代码所示, 检查队列 myQueue 中是否包含 3, 如果检查的结果为 True, 则在屏幕输出提示语 "队列包含元素 3", 否则输出 "队列不包含元素 3"。

```
1.  if (myQueue.Contains(3))
2.      {
3.          Console.WriteLine(" 队列包含元素 3");
4.      }
5.  else
6.      {
7.          Console.WriteLine(" 队列不包含元素 3");
8.      }
```

图 9-7 检查队列是否包含特定元素

9.1.3 队列的实战

C# 还提供了 ConcurrentQueue 类, 它是一个高效线程安全的队列实现, 适用于多线程环境, 可以确保线程安全的入队和出队操作, 避免潜在的并发问题。如图 9-8 中代码所示, 包括队列的创建、入队、出队、查看头部元素、清空队列等基本操作, 通过这些操作, 可以很方便地进行队列元素的管理。

```
1.  using System;
2.  using System.Collections.Generic;
3.
4.  namespace QueueTest
5.  {
6.      class Program
7.      {
8.          static void Main(string[] args)
9.          {
10.             Queue<int> queue = new Queue<int>();
11.             //入队
12.             queue.Enqueue(23);        //将新元素 23 添加到队列 queue 的末尾
13.             queue.Enqueue(25);        //将新元素 25 添加到队列 queue 的末尾
14.             queue.Enqueue(67);        //将新元素 67 添加到队列 queue 的末尾
15.             queue.Enqueue(89);        //将新元素 89 添加到队列 queue 的末尾
16.             Console.WriteLine(" 添加了 23 25 67 89 之后队列的大小为: " +queue.Count);
17.             //出队 (取得队首的数据, 并删除)
18.             int i = queue.Dequeue( );
19.             Console.WriteLine(" 取得的队首数据为:" +i);
20.             Console.WriteLine(" 队首数据出队后, 队列大小为:" +queue.Count);
21.             int j = queue.Peek( );        //查看队首元素
22.             Console.WriteLine(" 查看队首元素为: " +j);
```

图 9-8 队列的基本操作示例

```
23.        Console.WriteLine(" 查看队首元素后，队列大小为： " +queue.Count);
24.        queue.Clear();              // 清空队列
25.        Console.WriteLine(" 清空队列后，队列大小： " +queue.Count);
26.      }
27.    }
28.  }
```

图 9-8（续）

运行图 9-8 中代码所示，得到的运行结果如图 9-9 所示。

图 9-9　队列的基本操作示例代码运行结果

9.2　栈

9.2.1　栈的概述

栈（Stack）是 C# 中一种常见的数据结构，按照后进先出（LIFO）的原则管理元素，即最后添加的元素最先被移除，最先添加的元素最后被移除。

9.2.2　栈的使用

栈常用于需要按照后进先出顺序处理任务的场景，例如函数调用的管理、表达式求值、撤销机制的实现等。栈是通过 System.Collections 命名空间中的 Stack 类实现的。该类提供了在栈顶添加元素（Push）、从栈顶移除元素（Pop）、查看栈顶元素但不移除（Peek）等方法。

1. 创建和初始化

可以通过实例化 Stack 类来创建一个栈对象，如图 9-10 中代码所示，创建了一个名字为 myStack 的栈对象。

Stack<int> myStack = new Stack<int>( );

图 9-10　通过实例化类创建栈

可以使用集合初始化器在创建栈时初始化，如图 9-11 中代码所示，创建一个名字为 myStack 的栈，同时为该栈设置 4 个初始化值。

```
Stack<int> myStack = new Stack<int>(new[] { 1, 2, 3, 4 });
```

图 9-11　通过集合初始化器进行栈的初始化

2. 操作栈元素

Push( ) 方法用于从栈顶添加元素，如图 9-12 中代码所示，在 myStack 的栈顶添加一个新元素 5。

```
myStack.Push(5);
```

图 9-12　从栈顶添加元素

Pop( ) 方法用于从栈顶移除一个元素，同时返回这个被移除的元素值，如图 9-13 中代码所示，移除 myStack 的栈顶元素，同时在屏幕上显示这个被移除的元素值。

```
int topElement = myStack.Pop( );
```

图 9-13　从栈顶移除一个元素

Peek( ) 方法用于查看而不移除栈顶元素，如图 9-14 中代码所示，查看栈 myStack 的头部元素，查看后该元素仍在栈顶，并没有被移除。

```
int topElement = myStack.Peek( );
```

图 9-14　查看栈顶元素

3. 遍历和检查

Count 属性用于获取栈中元素的个数，如图 9-15 中代码所示，获取栈 myStack 中元素的个数，如果元素的个数数值大于 0，则在屏幕输出提示语 "栈不为空"。

```
1.    if (myStack.Count > 0)
2.    {
3.        Console.WriteLine(" 栈不为空 ");
4.    }
```

图 9-15　获取栈中元素个数

Contains( ) 方法用于检查栈中是否包含特定元素，如图 9-16 中代码所示，检查栈 myStack 中是否包含 3，如果检查的结果为 True，则在屏幕输出提示语 "栈中包含元素 3"，否则输出 "栈中不包含元素 3"。

```
1.    if (myStack.Contains(3))
2.    {
3.        Console.WriteLine(" 栈中包含元素 3");
4.    }
5.    else
6.    {
7.        Console.WriteLine(" 栈中不包含元素 3");
8.    }
9.
```

图 9-16　检查栈中是否包含特定元素

9.3 链 表

9.3.1 链表的概述

链表（Linked List）也是 C# 中一种常见的数据结构，由一系列节点组成，每个节点包含数据和一个指向下一个节点的引用（地址），常用于存储一系列元素。链表与数组不同，它不需要在内存中连续的位置存储元素，每个元素在内存中都有一个指向下一个元素的引用，因此，链表可以在运行时轻松地增加或删除元素。

9.3.2 链表的使用

在需要频繁插入和删除元素的情况下，更适合使用链表。相比数组而言，链表更易于调整结构，但随机访问元素的性能较差。链表是通过 System.Collections.Generic 命名空间中的 LinkedList<T> 类实现的，其中 T 是存储在链表中的元素类型。

1. 创建链表对象

可以通过实例化 LinkedList<T> 类来创建一个链表对象，如图 9-17 中代码所示，创建了一个名字为 myLinkedList 的链表。

```
LinkedList<int> myLinkedList = new LinkedList<int>();
```

图 9-17　创建一个链表对象

2. 操作链表元素

使用 AddLast( ) 方法在链表末尾添加一个元素，如图 9-18 中代码所示，在链表 myLinkedList 末尾添加一个新元素 5。

```
myLinkedList.AddLast(5);
```

图 9-18　在链表末尾添加元素

使用 AddFirst( ) 方法在链表开头添加一个元素，如图 9-19 中代码所示，在链表 myLinkedList 开头添加一个新元素 3。

```
myLinkedList.AddFirst(3);
```

图 9-19　在链表开头添加一个元素

使用 Remove( ) 方法从链表中移除特定元素，如图 9-20 中代码所示，从链表 myLinkedList 中移除元素 5。

myLinkedList.Remove(5);

图 9-20　从链表中移除特定元素

使用 First 和 Last 属性获取链表中的第一个和最后一个元素，如图 9-21 中代码所示，获取链表 myLinkedList 的第一个元素和最后一个元素，分别赋值给整型的链表节点变量 firstNode 和 lastNode。

LinkedListNode<int> firstNode = myLinkedList.First;
LinkedListNode<int> lastNode = myLinkedList.Last;

图 9-21　获取链表中第一个和最后一个元素

3. 遍历链表

可以使用 foreach 循环遍历链表中的元素，如图 9-22 中代码所示，依次遍历链表 myLinkedList 中的每个元素，并将输出显示在控制台上。

```
1.    foreach (var item in myLinkedList)
2.    {
3.        Console.WriteLine(item);
4.    }
```

图 9-22　遍历链表元素

9.4　字典（哈希表）

9.4.1　字典的概述

字典（Dictionary）是 C# 中利用哈希表实现的一种数据结构，用于存储键值对。它属于 System.Collections.Generic 命名空间，是 .NET 框架中的一部分。字典提供了一种快速查找和检索数据的方式，内部实现使用了哈希表，使得字典在处理大量数据时仍能够以常数时间复杂度（O（1））进行查找、插入和删除操作。

9.4.2　字典的使用

字典是 C# 中常用的数据结构，适用于需要快速查找和检索数据的场景。字典的基本特性和用法包括以下几方面。

（1）泛型集合：字典是一个泛型集合，意味着用户可以存储任何数据类型的键值对。例如，可以使用字典存储字符串到整数的映射、对象到对象的映射等。

（2）键唯一性：字典中的键是唯一的，不能有重复的键，如果尝试添加已存在的键，将会覆盖旧值。

（3）快速查找：字典的内部实现使用哈希表，这使得查找、插入和删除等操作都能在平均情况下以常数时间复杂度完成，即 O（1）。

（4）无序：字典中的元素没有固定的顺序，它们不按照添加的顺序或键的大小排序。如果需要有序的键值对集合，可以考虑使用 SortedDictionary 或 SortedList。

图 9-23 是一个简单的示例，展示了如何创建、添加、访问和遍历字典。

```
1.    using System;
2.    using System.Collections.Generic;
3.
4.    class Program
5.    {
6.        static void Main( )
7.        {
8.            // 创建一个字典
9.            Dictionary<string, int> myDictionary = new Dictionary<string, int>();
10.
11.           // 添加键值对
12.           myDictionary.Add("Alice", 25);
13.           myDictionary.Add("Bob", 30);
14.           myDictionary.Add("Charlie", 22);
15.
16.           // 访问字典中的值
17.           Console.WriteLine("Age of Bob: " + myDictionary["Bob"]);
18.
19.           // 遍历字典
20.           foreach (var kvp in myDictionary)
21.           {
22.               Console.WriteLine($"Name: {kvp.Key}, Age: {kvp.Value}");
23.           }
24.
25.           // 检查键是否存在
26.           if (myDictionary.ContainsKey("Alice"))
27.           {
28.               Console.WriteLine("Alice is in the dictionary.");
29.           }
30.
31.           // 检查值是否存在
32.           if (myDictionary.ContainsValue(30))
33.           {
34.               Console.WriteLine("Someone has an age of 30 in the dictionary.");
35.           }
36.       }
37.   }
```

图 9-23　字典的使用示例代码

運行圖 9-23 中所示代码，得到的运行结果如图 9-24 所示。

图 9-24　字典的使用示例代码的运行结果

习　题

一、单选题

1. 关于队列的说法不正确的是（　　　）。
   A. 常用于需要按照特定顺序处理任务的场景
   B. 首先进入队列的元素将首先被处理
   C. 不能存储 null 作为队列的引用类型值
   D. 可以根据需要自动增加容量

2. 可以使用以下（　　　）方法将一个新元素添加到队列末尾。
   A. Push　　　　　　B. AddLast　　　　　C. Enqueue　　　　D. Add

3. 可以使用以下（　　　）方法移除栈顶元素。
   A. Pop　　　　　　B. Remove　　　　　C. Dequeue　　　　D. Peek

4. 可以使用以下（　　　）方法可以在链表开头添加一个元素。
   A. Push　　　　　　B. AddFirst　　　　C. Enqueue　　　　D. Peek

5. 可以使用以下（　　　）方法可以删除队列头部元素。
   A. Pop　　　　　　B. Remove　　　　　C. Dequeue　　　　D. Delete

6. 关于链表的说法不正确的是（　　　）。
   A. 易于在运行时增加或删除元素
   B. 适用于需要频繁插入和删除元素的情况
   C. 不需要在内存中连续的位置存储元素
   D. 随机访问元素性能较好

7. 关于字典的说法不正确的是（　　　）。
   A. 是利用哈希表实现的一种数据结构　　　B. 能够快速查找和检索数据
   C. 通过键值对存储　　　　　　　　　　　D. 字典中的元素有相对固定的顺序

二、填空题

1. 队列是一种常见的＿＿＿＿＿＿＿＿数据结构，代表了一个＿＿＿＿＿＿＿＿的对象集合。

195

2. 当需要按照先进先出的顺序访问元素时，比较适合使用_____数据结构。

3. 队列的出口端被称为_____，队列的入口端被称为_____。入队是指在_____添加一项，出队是指从_____移除一项。

4. 队列是通过 System.Collections 命名空间中的_____类实现的。

5. 栈常用于需要按照_____顺序处理任务的场景，通过 System.Collections 命名空间中的_____类实现的。

6. 链表由一系列节点组成，每个节点包含数据和一个指向下一个节点的_____。

三、简答题

简述队列、栈、链表和字典适用的场景。

第 10 章

算法基础

数据结构和算法都是研究和解决复杂问题的重要工具，选择恰当的数据结构和算法，可以减少程序运行的时间和空间成本。数据结构的设计侧重于实现高效的存储和检索操作，算法则侧重于通过设计一系列方法和步骤提高解决问题的效率。例如，在医学成像领域，使用算法来处理图像可以提高诊断疾病的精确度和速度；在金融领域，算法可以用于股票交易和风险控制；在银行等部门，算法可以用于防止诈骗，确保数据安全。因此，设计算法的本质是可以更快、更智能地解决各种实际问题，以提高工作效率和工作质量。

常见的算法可分为排序算法和查找算法两大类。本章主要介绍 C# 中经常使用的冒泡、选择、插入排序算法和线性、二分、字典序列查找算法。

10.1 排 序 算 法

10.1.1 冒泡排序算法

冒泡排序算法的基本思想是：重复遍历数组比较相邻的元素，如果前面的元素比后面的元素大，就让它们互换位置。每次都要遍历整个数组，每遍历一次，数组的范围缩减一位，重复上述步骤，直到没有任何一对数字需要比较，排序结束。冒泡排序算法的示例代码如图 10-1 所示，数组形参 array 用于接收调用 bubbleSort() 方法时实参传递过来的引用（地址），第 2 行和第 4 行代码通过嵌套的 for 循环实现对数组所有元素的遍历排序；在第 5 行与第 6 行代码中，遍历到当前数组元素比其后的数组元素大时，就调用一个名称为 swap 的方法实现该数组中这两个元素的交换。

```
1.    public static void bubbleSort(int[] array) {
2.        for (int i = 0; i < array.length; i++) {
3.            boolean flg=false;
4.            for (int j = 0; j < array.length −1 −i; j++) {
5.                if (array[j] > array[j+1]) {
6.                    swap(array,j,j+1);
```

图 10-1　冒泡排序示例代码

```
7.            flg=true;
8.        }
9.     }
10.    if(flg==false){
11.        return;
12.    }
13.  }
14. }
```

图　10-1（续）

10.1.2　选择排序算法

　　选择排序算法的基本思想是：遍历所有元素，找到一个最小（或最大）的元素，把它放在第一个位置，然后再在剩余元素中找到最小（或最大）的元素，把它放在第二个位置，依次下去，直到完成排序。示例代码如图 10-2 所示，第 3 行代码通过一个名字为 temp 的整型变量记录每次遍历中找到的最小数，第 5 行代码则通过一个名字为 minIndex 的整型变量记录每次遍历找到最小数对应的索引值。第 6~22 行是利用嵌套的 for 循环实现数组元素的遍历：在每一轮遍历（内层 for 循环）结束时，记录下来找到的最小数对应的索引值；第 19~21 行代码是将最小数索引值对应的数据与最前面（外层 for 循环开始时）位置的数据进行交换。一直循环到最后一个数组元素位置为止，停止循环，从而实现整个数组数据由小到大排序的功能。

```
1.   public static void selectSort(int[] array)
2.   {
3.       int temp = 0;
4.       //记录此时最小的数
5.       int minIndex;
6.       for (int i = 0; i < array.length; i++)
7.       {
8.           minIndex = i;
9.           int j = i + 1;
10.          //找到最小的数
11.          for (j = i + 1; j < array.length; j++)
12.          {
13.              if (array[minIndex] > array[j])
14.              {
15.                  minIndex = j;
16.              }
17.          }
18.          //将最小的数放到前面
19.          temp = array[i];
20.          array[i] = array[minIndex];
21.          array[minIndex] = temp;
22.      }
23.  }
```

图 10-2　选择排序示例代码

10.1.3 插入排序算法

插入排序算法的基本思想是：将整个数组分为左右两个部分，左边部分为有序的元素集合，右边部分为无序的元素集合。一开始从索引值为 1 的元素开始逐渐递增与有序集合进行比较，将未排序的元素一个一个的插入有序的集合中，插入时把所有的有序集合从后向前依此扫一遍，只要找到合适的位置就插入，直到右边的集合元素全部插入左边的元素集合为止，形成一个大的有序集合，排序结束。示例代码如图 10-3 所示。

```
1.    public static void insertSort(int[] array) {
2.        int temp = 0;
3.        for (int i = 0; i < array.length; i++) {
4.            //选择一个数作为被比较的数
5.            temp = array[i];
6.            int j = i – 1;
7.            for (j = i – 1; j >= 0; j--) {
8.                //取被比较数之前的数与被比较数进行比较
9.                if (array[j] > temp) {
10.                   //如果这个数大于被比较的数，往后挪一个位置
11.                   array[j + 1] = array[j];
12.               } else {
13.                   break;
14.   }}}}
```

图 10-3　插入排序示例代码

10.2　查　找　算　法

C# 中可以使用不同的查找算法来进行数据的查询，主要包括线性查找、二分查找和字典序列查找三种算法。

10.2.1　线性查找算法

线性查找算法是逐个比较线性元素直到找到目标值或者遍历完所有元素为止，示例代码如图 10-4 所示。

```
1.    public static int LinearSearch(int[] array, int target) {
2.    for (int i = 0; i < array.Length; i++) {
3.        if (array[i] == target) {
```

图 10-4　线性查找算法代码示例

```
4.    return i;          // 返回目标值在数组中的索引位置
5.    }
6.    }
7.
8.    return −1;         // 若未找到目标值则返回 −1 表示未找到
9.    }
```

图 10-4（续）

10.2.2   二分查找算法

二分查找算法是将数组按照中间元素进行切分并与目标值进行比较，从而确定目标值所在的区间，然后再对目标值所在区间重复上述操作，最终得到目标值的索引位置。示例代码如图 10-5 所示，第 3 行与第 4 行代码分别定义了一个整型变量用于记录中间元素左边的元素索引值和右边元素的索引值；第 5~7 行代码则继续寻找目标值所在区间的中间元素索引值；第 8~18 行代码是判断中间元素索引值对应的数据是否就是要查找的目标值，如果是就返回目标值所在的索引值，否则继续判断目标值应该位于当前元素的左侧区间还是右侧区间，进而缩小范围继续查找；第 21 行表示如果没有找到目标值，则返回值 −1。

```
1.    public static int BinarySearch(int[] sortedArray, int target)
2.    {
3.        int leftIndex = 0;
4.        int rightIndex = sortedArray.Length −1;
5.        while (leftIndex <= rightIndex)
6.        {
7.            int midIndex = (leftIndex + rightIndex) / 2;
8.            if (sortedArray[midIndex] == target)
9.            {
10.               return midIndex;              // 返回目标值在数组中的索引位置
11.           }
12.           else if (sortedArray[midIndex] > target)
13.           {
14.               rightIndex = midIndex −1;     // 目标值小于当前中间元素，向左侧区间缩小
15.           }
16.           else
17.           {
18.               leftIndex = midIndex + 1;     // 目标值大于当前中间元素，向右侧区间缩小
19.           }
20.       }
21.       return −1;                           // 若未找到目标值则返回 −1 表示未找到
22.   }
```

图 10-5   二分查找算法代码示例

10.2.3　字典序列查找算法

字典序列查找算法是根据特定的字符串编码规则，按照字母、数字等字符的顺序进行查找，示例代码如图 10-6 所示。

```
1.   public static string DictionaryOrderedSequenceSearch(string[] sequence, char targetChar)
2.   {
3.       foreach (var word in sequence)
4.       {
5.           if (word.Contains(targetChar))
6.           {
7.               return word;              //返回包含目标字符的单词
8.           }
9.       }
10.      return null;                      //若未找到目标字符则返回 null 表示未找到
11.  }
```

图 10-6　字典序列查找算法

10.2.4　二分查找算法实战演练

本小节实战是基于二分查找算法基本思路进行练习，查找的目标值为 7，查找成功后输出其所在索引位置。首先需要确定左右边界的索引值，然后通过比较目标值与中间元素的大小关系来调整边界的索引值，直到找到目标值或者无法进行查找时退出循环，输出目标值所在的索引位置，详细代码如图 10-7 所示。

```
1.   using System;
2.
3.   public class BinarySearchAlgorithmExample
4.   {
5.       public static int BinarySearch(int[] arr, int target)
6.       {
7.           //定义左右边界索引
8.           int left = 0;
9.           int right = arr.Length −1;
10.          while (left <= right)
11.          {
12.              //计算中间元素索引
13.              int mid = (left + right) / 2;
14.              if (arr[mid] == target)
15.              {
16.                  return mid;              //如果目标值等于中间元素，返回该位置索引
17.              }
18.              else if (target < arr[mid])
```

图 10-7　二分查找算法实战练习代码

```
19.        {
20.            right = mid −1;        //若目标值小于中间元素，将右边界设为中间元素前面位置
21.        }
22.        else
23.        {
24.            left = mid + 1;        //若目标值大于中间元素，将左边界设为中间元素后面的位置
25.        }
26.      }
27.
28.      return −1;                 //若未找到目标值，则返回 −1 表示不存在
29.   }
30. }
31. class Program
32. {
33.   static void Main()
34.   {
35.     int[] array = new int[]{3, 5, 7, 9, 11};
36.     int targetValue = 7;
37.     Console.WriteLine(" 数组中目标值的索引位置为：" + BinarySearchAlgorithmExample.BinarySearch
(array, targetValue));
38.   }
39. }
```

图　10-7（续）

运行图 10-7 所示代码，得到运行结果如图 10-8 所示。

```
C:\Program Files\dotnet\dotnet.exe
数组中目标值的索引位置为：2
```

图 10-8　二分查找算法实战练习代码的运行结果

习　题

一、简答题

1. 简述冒泡排序算法的基本思想。

2. 简述选择排序算法的基本思想。

3. 简述二分查找算法的基本思想。

二、编程题

1. 使用 C# 编写一个控制台应用程序，要求输入 10 个整数存入数组中，然后使用冒泡排序算法对一维数组的元素从小到大进行排序，并输出。

2. 编写一个 C# 小程序，要求使用选择排序算法对一个一维数组元素实现从小到大进行排序，并将排序后的结果输出在屏幕上。

第 11 章

异常处理和调试

异常是指程序在运行过程中发生了无法继续执行的错误，导致程序终止或产生不可预料的结果。产生这些异常的原因通常是输入错误、计算错误、资源不足、网络连接中断等。如果不进行适当的处理，这些异常可能会导致程序崩溃或产生错误结果，严重影响用户体验和系统稳定性。采取合理的异常处理措施，如提供友好的错误提示，进行错误日志记录，尝试修复异常等，可以防止程序异常终止，增加程序的容错性。良好的异常处理可以捕获异常并进行详细的错误日志记录，有助于工作人员更好地定位、排查错误和调试，不断提高程序的稳定性和可靠性。

11.1　预处理指令

预处理器指令是指编译器在实际编译开始之前对信息进行预处理的指令，通常用于简化源程序在不同执行环境中的更改和编译。例如，替换文本中的标记，将其他内容插入源文件，或通过移除几个部分的文本来取消一部分文件的编译。C# 程序中的预处理指令均以标识符 # 开头（如 #define、#if），指令前只能出现空格，不能出现任何代码。需要注意，预处理指令不是语句，不需要使用分号结尾。

11.1.1　可为空上下文

#nullable 预处理器指令用于设置可为空注释上下文和可为空警告上下文。此指令用于控制是否可为空注释是否有效，以及是否给出为 null 性警告。每个上下文要么处于已禁用状态，要么处于已启用状态。#nullable 指令控制注释和警告上下文，并优先于项目级设置。指令会设置其控制的上下文，直到另一个指令替代它，或直到源文件结束为止。

如图 11-1 中代码所示，在第 5 行中，将可为空注释和警告上下文设置为了"已启用"，第 8 行代码声明了一个可为 null 的引用类型变量，因此第 15 行代码输出变量 str 时就没有出现报错信息。第 10 行代码将可为空注释和警告上下文设置为了"已禁用"，在第 11 行代码中就出现了报错信息，提示第 8 行代码中使用了未赋值的局部变量 str。

```
1    using System;
2
     0 个引用
3    public class ExampleProgram
4    {
5        #nullable enable // 将可为空注释和警告上下文设置为"已启用"。
         0 个引用
6        static void Main(string[] args)
7        {
8            string? str;
9
10           #nullable disable // 将可为空注释和警告上下文设置为"已禁用"。
11               Console.WriteLine(str); // 报错: 使用了未赋值的局部变量"str"
12
13
14
15           Console.WriteLine(str);
16       }
17   }
```

(局部变量) string? str

CS0165: 使用了未赋值的局部变量"str"

图 11-1　#nullable 预处理器指令

其他 #nullable 预处理指令及效果说明如表 11-1 所示。

表 11-1　#nullable 预处理指令及效果

预处理指令	效　果
#nullable disable	将可为空注释和警告上下文设置为"已禁用"
#nullable enable	将可为空注释和警告上下文设置为"已启用"
#nullable restore	将可为空注释和警告上下文还原为项目设置
#nullable disable annotations	将可为空注释上下文设置为"已禁用"
#nullable enable annotations	将可为空注释上下文设置为"已启用"
#nullable restore annotations	将可为空注释上下文还原为项目设置
#nullable disable warnings	将可为空警告上下文设置为"已禁用"
#nullable enable warnings	将可为空警告上下文设置为"已启用"
#nullable restore warnings	将可为空警告上下文还原为项目设置

11.1.2　定义字符

C# 中可以使用定义字符 #define 预处理指令来定义条件。如图 11-2 中代码所示，第 1 行使用 #define DEBUG 定义了一个名为 DEBUG 的标志。第 10~12 行是在程序的主函数内使用 #if (DEBUG) 来判断该标志是否已经定义，如果定义了，则输出调试信息。

```
1.   #define DEBUG        //定义一个名为 DEBUG 的标志
2.   using System;
3.   namespace Precompile
4.   {
5.     class Program
6.     {
7.       static void Main(string[] args)
```

图 11-2　定义条件预处理指令示例代码

 204

```
8.        {
9.            // 根据 DEBUG 标志判断是否输出调试信息
10.           #if DEBUG
11.               Console.WriteLine("Debug mode is enabled.");
12.           #endif
13.       }
14.   }
15. }
```

图 11-2（续）

运行图 11-2 中的代码，得到的运行结果如图 11-3 所示。

图 11-3 定义条件预处理指令示例代码的运行结果

可以使用取消定义字符 #undef 预处理指令来取消定义条件。如图 11-4 中代码所示，第 2 行使用预处理指令 #undef DEBUG 取消了对 DEBUG 标志的定义。第 11~15 行代码说明运行程序时，由于标志已被取消定义，所以 #if (DEBUG) 分支将不会被执行，而是直接输出发布模式相关的信息。

```
1.  #define DEBUG          // 定义一个名为 DEBUG 的标志
2.  #undef DEBUG           // 取消对 DEBUG 标志的定义
3.  using System;
4.
5.  namespace Precompile
6.  {
7.      class Program
8.      {
9.          static void Main(string[] args)
10.         {
11.             #if DEBUG
12.                 Console.WriteLine("This will not be executed because the DEBUG flag has been undefined.");
13.             #else
14.                 Console.WriteLine("Release mode is enabled.");
15.             #endif
16.         }
17.     }
18. }
```

图 11-4 取消定义条件预处理指令示例代码

运行图 11-4 中的代码，得到的运行结果如图 11-5 所示。

图 11-5 取消定义条件预处理指令示例代码的运行结果

11.1.3　条件编译

用户可以使用 4 种预处理指令来控制条件编译：① #if 指令，用来打开条件编译，仅在定义了指定的符号时才会进行编译代码；② #elif 指令，关闭之前的条件编译，并且基于是否定义了指定的符号打开一个新的条件编译；③ #else 指令，关闭前面的条件编译，如果没有定义前面指定的符号，需要重新打开一个新的条件编译；④ #endif 指令，关闭前面的条件编译。如图 11-6 中代码所示，第 1 行使用预处理指令 #define 定义了一个名字为 condition2 的字符。第 8 行打开条件编译，该条件为假，因此不会执行第 9 行，而去执行第 10 行 #elif 条件编译指令。在第 10 行中，当条件编译指令执行时，判断 condition2 为真，因而执行第 11 行，在屏幕上输出"condition2 is defined"。

```
1.    #define condition2            //定义 condition 字符
2.    using System;
3.
4.    public class ExampleProgram
5.    {
6.        static void Main(string[] args)
7.        {
8.          #if (condition)
9.            Console.WriteLine("condition is defined");
10.         #elif (condition2)        //测试 condition2 是否为真
11.           Console.WriteLine("condition2 is defined");
12.         #else
13.           Console.WriteLine("condition is not defined");
14.         #endif
15.         Console.ReadLine();
16.       }
17.   }
```

图 11-6　条件编译示例代码

运行图 11-6 中的代码，得到的运行结果如图 11-7 所示。

```
C:\Program Files\dotnet\dotnet.exe
condition2 is defined
```

图 11-7　条件编译示例代码的运行结果

11.1.4　定义区域

用户可以使用两个预处理器指令来定义可在大纲中折叠的代码区域：① #region 启动区域，可以指定在使用代码编辑器的大纲功能时可展开或折叠的代码块；② #endregion 结束区域，可展开或折叠的代码区域结束边界。在较长的代码文件中，折叠或隐藏一个或多个区域可使开发者注意力集中在要处理的文件部分。如图 11-8（a）中代码所示，使用了 #region 和 #endregion 为 MyClass 类的定义创建了一个代码折叠区域：代码行首标记为减号（－）的为可折叠区域，可以看出代码块的第 2 行、第 3 行和第 5 行可以进行代码块的折叠。可以根据用户需要，可以选择折叠一处或多处，分别如图 11-8（b）与图 11-8（c）所示。折叠后的代码行首显示为加号（＋），表示该处代码行可以展开，如图 11-8（c）所示。

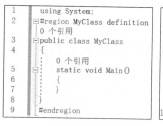
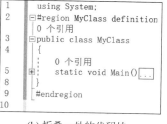
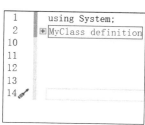

(a) 展开的代码块　　　　(b) 折叠一处的代码块　　　(c) 折叠多处的代码块

图 11-8　定义区域代码示例

11.2　异　常　处　理

异常处理是一种机制，用于在程序执行过程中处理和响应运行时的错误和异常情况，使开发者能够及时检测和处理异常，以便从异常情况中恢复。常用的异常处理方法包括抛出异常、捕获异常、finally 代码块、多个 catch 代码块和自定义异常。

11.2.1　抛出异常

使用 throw 关键字可以在代码中显式地引发异常，如图 11-9 中代码所示，引发异常时会抛出 "This is an example exception." 提示语。

```
throw new Exception("This is an example exception.");
```

图 11-9　抛出异常代码示例

11.2.2　捕获异常

try-catch 语句块是 C# 中用于异常处理的关键机制，可以在执行代码时捕获并处理异常，从而保证程序的稳定性和健壮性。一个基本的 try-catch 语句块通常包含两个部分：①try 关键字及代码块用于标识需要进行异常处理的代码块，该代码块内可以放置可能会引发异常的代码；②catch 关键字及代码块用于捕获并处理异常，可以使用一个 catch 块捕捉不同类型的异常。如图 11-10 中代码所示，第 10~13 行为可能会引发异常的代码块；第 15 行使用一个 catch 块捕获不同类型的异常，其中 Exception 为通用的异常基类。第

虚拟现实程序设计（C#版）

18 行为捕获到异常时的处理措施，即在屏幕输出发生异常的提示信息。

```
1.    using System;
2.
3.    public class ExampleProgram
4.    {
5.      static void Main()
6.      {
7.        try
8.        {
9.          // 可能引发异常的代码
10.         int apple = 10;
11.         int student = 0;
12.         int average = apple / student;
13.         Console.WriteLine("Each student will be given" + average + "apples");
14.        }
15.        catch (Exception ex)
16.        {
17.          // 处理 Exception 类型的异常
18.          Console.WriteLine($"Some Exception occurred: " +ex.Message);
19.        }
20.        Console.ReadLine();
21.      }
22.    }
```

图 11-10　try-catch 语句块代码示例

运行图 11-10 中的代码，运行结果如图 11-11 所示。

```
C:\Program Files\dotnet\dotnet.exe
Some Exception occurred: Attempted to divide by zero.
```

图 11-11　try-catch 语句块代码示例的运行结果

11.2.3　finally 代码块

finally 代码块中的代码会在 try 代码块中的代码执行后执行，无论是否发生异常 finally 代码块总是会执行，它通常用于确保资源的释放。如图 11-12 中代码所示，在第 20~22 行中，catch 代码块后添加了一个 finally 代码块，用于执行程序的清理工作并给用户以提示信息。

```
1.    using System;
2.
3.    public class ExampleProgram
4.    {
5.      static void Main()
6.      {
```

图 11-12　finally 代码块用法示例

```
7.      try
8.      {
9.          // 可能引发异常的代码
10.         int apple = 10;
11.         int student = 0;
12.         int average = apple / student;
13.         Console.WriteLine("Each student will be given" + average + "apples");
14.     }
15.     catch (Exception ex)
16.     {
17.         // 处理 Exception 类型的异常
18.         Console.WriteLine($"Some Exception occurred: " +ex.Message);
19.     }
20.     finally
21.     {
22.         Console.WriteLine("The program performs a cleanup operation.");
23.     }
24.     }
25.  }
```

图 11-12（续）

运行图 11-12 中的代码，可看到程序发生了异常，程序给出异常提示信息，并且执行了 finally 代码块部分，运行结果如图 11-13 所示。

图 11-13 finally 代码块用法示例的运行结果（1）

将第 11 行修改为"int student = 5;"，再次运行程序，虽然这次程序没有发生异常，每位学生分到了合理数量的苹果，程序也仍然执行了 finally 代码块部分，运行结果如图 11-14 所示。

图 11-14 finally 代码块用法示例的运行结果（2）

11.2.4 多个 catch 代码块

使用多个 catch 代码块可以捕获不同类型的异常，从而实现不同类型的异常处理。如图 11-15 中代码所示，第 15~18 行利用 catch 代码块捕获除数为 0 类型的异常，并在屏幕给出异常提示信息；第 19~22 行的 catch 代码块用于捕获未找到文件类型的异常，并在屏幕给出相应的异常提示信息；第 23~26 行的 catch 代码块用于捕获其他类型的异常，并在屏幕给出相应的异常提示信息。

虚拟现实程序设计（C# 版）

```
1.   using System;
2.
3.   public class ExampleProgram
4.   {
5.      static void Main()
6.      {
7.         try
8.         {
9.            //代码可能引发异常的区域
10.           int apple = 10;
11.           int student = 0;
12.           int average = apple / student;
13.           Console.WriteLine("Each student will be given" + average + "apples");
14.        }
15.        catch (DivideByZeroException ex)
16.        {
17.           Console.WriteLine("Divide by zero exception" + ex.Message);
18.        }
19.        catch (FileNotFoundException ex)
20.        {
21.           Console.WriteLine("File not Found exception" + ex.Message);
22.        }
23.        catch (Exception ex)
24.        {
25.           Console.WriteLine($"Other exception occurred: " +ex.Message);
26.        }
27.        finally
28.        {
29.           Console.WriteLine("The program performs a cleanup operation.");
30.        }
31.     }
32.  }
```

图 11-15　多个 catch 代码块用法示例

运行图 11-15 中的代码，可看到程序发生了异常，程序能根据引发异常的具体类型，给出相应的提示信息，运行结果如图 11-16 所示。

```
C:\Program Files\dotnet\dotnet.exe
Divide by zero exception: Attempted to divide by zero.
The program performs a cleanup operation.
```

图 11-16　多个 catch 代码块用法示例的运行结果

11.2.5　自定义异常

用户还可以创建自定义异常类来对特定的异常情况进行处理，如图 11-17 中代码所示。

210

```
1.      public class CustomException : Exception
2.      {
3.          public CustomException(string message) : base(message)
4.          {
5.          }
6.      }
7.
8.  // 抛出自定义异常
9.  throw new CustomException("This is a custom exception.");
```

图 11-17　自定义异常用法示例

通过合理使用异常处理机制，开发者可以更好地管理程序中的错误，提高程序的健壮性和可维护性。在处理异常时，应根据具体情况去选择究竟是捕获异常并进行处理，还是将异常向上抛出以由上层调用者处理。

11.3　文件的输入 / 输出

文件是一种存储在磁盘中带有指定名称和目录路径的数据集合。当打开文件进行读写时，它变成一个流。从根本上说，流是通过通信路径传递的字节序列。C# 中主要包括两个流：输入流和输出流。输入流用于从文件读取数据（读操作），输出流用于向文件写入数据（写操作）。

System.IO 命名空间有各种不同的类，用于执行各种文件操作，如创建和删除文件、读取或写入文件，关闭文件等。表 11-2 列出了 System.IO 命名空间中常用的非抽象类，其中最常用的是读取和写入文件类，本节将重点介绍这两类文件操作。

表 11-2　常用的非抽象类及其作用说明

I/O 类	描　述
BinaryReader	从二进制流读取原始数据
BinaryWriter	以二进制格式写入原始数据
BufferedStream	字节流的临时存储
Directory	有助于操作目录结构
DirectoryInfo	用于对目录执行操作
DriveInfo	提供驱动器的信息
File	有助于处理文件
FileInfo	用于对文件执行操作
FileStream	用于文件中任何位置的读写
MemoryStream	用于随机访问存储在内存中的数据流
Path	对路径信息执行操作

I/O 类	描 述
StreamReader	用于从字节流中读取字符
StreamWriter	用于向一个流中写入字符
StringReader	用于读取字符串缓冲区
StringWriter	用于写入字符串缓冲区

11.3.1　文件读取（Input）

System.IO 命名空间中的 FileStream 类有助于文件的读写与关闭。该类派生自抽象类 Stream。使用时，用户需要创建一个 FileStream 对象来创建一个新的文件，或打开一个已有的文件。创建 FileStream 对象的语法如图 11-18 所示。

```
FileStream <object_name> = new FileStream(<file_name>, <FileMode Enumrator>,< FileAccess Enumrator >,
< FileShare Enumrator >);
```

图 11-18　创建 FileStream 对象语法

例如，创建一个 FileStream 对象 F 来读取名为 sample.txt 的文件，实现代码如图 11-19 所示。

```
FileStream F = new FileStream("sample.txt", FileMode.Open, FileAccess.Read, FileShare.Read);
```

图 11-19　创建 FileStream 对象示例

其中，FileMode 参数枚举定义了各种打开文件的方法，枚举的成员包括 Append、Create、CreateNew、Open、OpenOrCreate 和 Truncate。FileAccess 枚举的成员包括 Read、ReadWrite 和 Write。FileShare 枚举的成员包括 Inheritable、None、Read、ReadWrite、Write 和 Delete。各参数和包含的成员及说明如表 11-3 所示。

表 11-3　各参数和包含的成员及说明

参　　数	包含的成员及说明
FileMode	Append：打开一个已有的文件，并将光标放置在文件的末尾。如果文件不存在，则创建文件
	Create：创建一个新的文件。如果文件已存在，则删除旧文件，然后创建新文件
	CreateNew：指定操作系统应创建一个新的文件。如果文件已存在，则抛出异常
	Open：打开一个已有的文件。如果文件不存在，则抛出异常
	OpenOrCreate：指定操作系统应打开一个已有的文件。如果文件不存在，则用指定的名称创建一个新的文件打开
	Truncate：打开一个已有的文件，文件一旦打开，就将被截断为零字节大小。然后我们可以向文件写入全新的数据，但是保留文件的初始创建日期。如果文件不存在，则抛出异常
FileAccess	FileAccess 枚举的成员有 Read、ReadWrite 和 Write

参　数	包含的成员及说明
FileShare	Inheritable：允许文件句柄可由子进程继承，Win32 不直接支持此功能
	None：谢绝共享当前文件。文件关闭前，打开该文件的任何请求（由此进程或另一进程发出的请求）都将失败
	Read：允许随后打开文件读取。如果未指定此标志，则文件关闭前，任何打开该文件以进行读取的请求（由此进程或另一进程发出的请求）都将失败。但是，即使指定了此标志，仍可能需要附加权限才能够访问该文件
	ReadWrite：允许随后打开文件读取或写入。如果未指定此标志，则文件关闭前，任何打开该文件以进行读取或写入的请求（由此进程或另一进程发出）都将失败。但是，即使指定了此标志，仍可能需要附加权限才能够访问该文件
	Write：允许随后打开文件写入。如果未指定此标志，则文件关闭前，任何打开该文件以进行写入的请求（由此进程或另一进过程发出的请求）都将失败。但是，即使指定了此标志，仍可能需要附加权限才能够访问该文件
	Delete：允许随后删除文件

FileStream 类的用法如图 11-20 中代码所示。

```
1.   using System;
2.   using System.IO;
3.   namespace FileIOApplication
4.   {
5.     class Program
6.     {
7.       static void Main(string[] args)
8.       {
9.         FileStream F = new FileStream("test.dat",
10.        FileMode.OpenOrCreate, FileAccess.ReadWrite);
11.        for (int i=1; i<=20; i++)
12.        {
13.          F.WriteByte((byte)i);
14.        }
15.        for (int i=0; i<=20; i++)
16.        {
17.          Console.Write(F.ReadByte()+" ");
18.        }
19.        F.Close();
20.        Console.ReadKey();
21.      }
22.    }
23. }
```

图 11-20　FileStream 类的用法示例代码

编译和执行图 11-20 所示代码时，得到的运行结果如图 11-21 所示。

```
C:\Program Files\dotnet\dotnet.exe
1 2 3 4 5 6 7 8 9 10 11 12 13 14 15 16 17 18 19 20 −1
```

图 11-21　FileStream 类的用法示例代码的运行结果

（1）使用 StreamReader 类读取文本文件，用法如图 11-22 中代码所示。

```
1.    using (StreamReader reader = new StreamReader("example.txt"))
2.    {
3.        string line;
4.        while ((line = reader.ReadLine()) != null)
5.        {
6.            Console.WriteLine(line);
7.        }
8.    }
```

图 11-22　使用 StreamReader 类读取文本文件代码示例

（2）使用 File.ReadAllLines( ) 方法读取文本文件，用法如图 11-23 中代码所示。

```
1.    string[] lines = File.ReadAllLines("example.txt");
2.    foreach (string line in lines)
3.    {
4.        Console.WriteLine(line);
5.    }
```

图 11-23　使用 File.ReadAllLines( ) 方法读取文本文件代码示例

（3）使用 BinaryReader 类读取二进制文件，用法如图 11-24 中代码所示。

```
1.    using (BinaryReader reader = new BinaryReader(File.Open("binaryfile.bin", FileMode.Open)))
2.    {
3.        int value = reader.ReadInt32();
4.        Console.WriteLine(value);
5.    }
```

图 11-24　使用 BinaryReader 类读取二进制文件代码示例

11.3.2　文件写入（Output）

（1）使用 StreamWriter 类写入文本文件，用法如图 11-25 中代码所示。

```
1.    using (StreamWriter writer = new StreamWriter("output.txt"))
2.    {
3.        writer.WriteLine("Hello, World!");
4.    }
```

图 11-25　使用 StreamWriter 类写入文本文件代码示例

（2）使用 File.WriteAllLines( ) 方法写入文本文件，用法如图 11-26 中代码所示。

```
1.    string[] lines = { "Line 1", "Line 2", "Line 3" };
2.    File.WriteAllLines("output.txt", lines);
```

图 11-26　使用 File.WriteAllLines( ) 方法写入文本文件代码示例

（3）使用 BinaryWriter 类写入二进制文件，用法如图 11-27 中代码所示。

```
1.    using (BinaryWriter writer = new BinaryWriter(File.Open("binaryfile.bin", FileMode.Create)))
2.    {
3.        int value = 42;
4.        writer.Write(value);
5.    }
```

图 11-27　使用 BinaryWriter 类写入二进制文件代码示例

上述代码片段涵盖了一些常见的文件输入 / 输出操作。在实际应用中，应该根据具体的需求选择适当的方法和类进行文件的输入 / 输出操作。同时，在进行文件的输入 / 输出操作时，要注意异常处理，以确保程序的健壮性。

习　题

一、单选题

1. 关于异常的说法，不正确的是（　　　　）。

　A. 异常是指程序在运行过程中发生了无法继续执行的错误

　B. 异常会导致程序终止或产生不可预料的结果

　C. 异常通常是由输入错误、计算错误、资源不足、网络连接中断等导致的

　D. 采取合理的异常处理措施，可以杜绝异常发生

2. 关于条件编译的说法，不正确的是（　　　　）。

　A. #if 指令用来打开条件编译

　B. #elif 指令用来关闭之前的条件编译，并且判断是否打开一个新的条件编译

　C. #else 指令用来关闭前面的条件编译，并且打开一个新的条件编译

　D. #endif 指令用来关闭前面的条件编译

3. 关于异常处理的说法，不正确的是（　　　　）。

　A. 用于在程序执行过程中处理和响应运行时的错误和异常情况

　B. 使开发者能够规避异常的发生

　C. 包括抛出异常、捕获异常、finally 代码块、多个 catch 代码块等方法

　D. 可以尽快帮助开发者从异常情况中恢复

4. 关于 finally 代码块的说法，不正确的是（　　　　）。

　　A. finally 代码块中的代码会在 try 代码块中的代码执行后执行

　　B. 发生异常时会执行 finally 代码块中语句

　　C. 通常用于确保资源的释放

　　D. 没有异常发生时 finally 代码块中的语句不会被执行

5. 关于文件输入输出的说法，不正确的是（　　　　）。

　　A. 当打开文件进行读写时，文件就变成了一个流

　　B. 流是通过通信路径传递的字节序列

　　C. 输出流用于从文件读取数据（读操作）

　　D. 输出流用于向文件写入数据（写操作）

二、填空题

1. 预处理器指令是指编译器在实际编译开始之＿＿＿＿＿＿＿＿（前 / 后）对信息进行预处理的指令。

2. C# 程序中，预处理均以标识符＿＿＿＿＿＿＿＿开头，在预处理指令前只能出现＿＿＿＿＿＿＿＿，不能出现任何代码，并且不使用＿＿＿＿＿＿＿＿结尾。

3. #nullable 预处理器指令用于设置＿＿＿＿＿＿＿＿上下文和＿＿＿＿＿＿＿＿上下文。

4. 使用定义字符＿＿＿＿＿＿＿＿和取消定义字符＿＿＿＿＿＿＿＿两个预处理指令来定义或取消定义条件。

5. 使用＿＿＿＿＿＿＿＿关键字可以在代码中显式地引发异常。

6. 使用＿＿＿＿＿＿＿＿可以捕获不同类型的异常，从而实现不同类型的异常处理。

7. ＿＿＿＿＿＿＿＿命名空间中的 FileStream 类有助于文件的读写与关闭。

三、简答题

1. 如果程序中代码行较多，想折叠部分代码区域该如何做？

2. 简述 try-catch 语句块的作用和基本结构。

参 考 文 献

[1] 王寒，张义红，王少笛. Unity AR/VR 开发：实战高手训练营 [M]. 北京：机械工业出版社，2021.

[2] 谢平，张克发，耿生玲，等. WebXR 案例开发——基于 Web3D 引擎的虚拟现实技术 [M]. 北京：清华大学出版社，2023.

[3] Benjamin Perkins，Jacob Vibe Hammer，Jon D.Reid. C# 入门经典 [M]. 齐立波，黄俊伟，译. 7 版. 北京：清华大学出版社，2016.

[4] 范丽亚，张克发. AR/VR 技术与应用——基于 Unity3D/ARKit/ARCore（微课视频版）[M]. 北京：清华大学出版社，2020.

[5] 范丽亚，谢平. Unity 技术与项目实战（微课视频版）[M]. 北京：清华大学出版社，2023.